高等院校计算机专业应用技术系列教材

网络数据库技术 PHP＋MySQL

（第三版）

李 刚 编著

北京大学出版社
PEKING UNIVERSITY PRESS

图书在版编目(CIP)数据

网络数据库技术 PHP+ MySQL/李刚编著. —3 版. —北京： 北京大学出版社，2019.11
高等院校计算机专业应用技术系列教材
ISBN 978-7-301-30920-9

Ⅰ.①网… Ⅱ.①李… Ⅲ.①PHP 语言－程序设计－高等学校－教材②SQL 语言－程序设计－高等学校－教材 Ⅳ.①TP312.8②TP311.132.3

中国版本图书馆 CIP 数据核字（2019）第 252184 号

书　　　名	网络数据库技术 PHP+ MySQL（第三版） WANGLUO SHUJUKU JISHU PHP+ MySQL（DI-SAN BAN）
著作责任者	李　刚　编著
责 任 编 辑	王　华
标 准 书 号	ISBN 978-7-301-30920-9
出 版 发 行	北京大学出版社
地　　　址	北京市海淀区成府路 205 号　100871
网　　　址	http://www.pup.cn　　新浪微博:@北京大学出版社
电 子 信 箱	zpup@pup.cn
电　　　话	邮购部 010-62752015　发行部 010-62750672　编辑部 010-62765014
印 刷 者	天津中印联印务有限公司
经 销 者	新华书店
	787 毫米×1092 毫米　16 开本　14 印张　300 千字 2008 年 2 月第 1 版　2012 年 9 月第 2 版 2019 年 11 月第 3 版　2019 年 11 月第 1 次印刷
定　　　价	35.00 元

未经许可，不得以任何方式复制或抄袭本书之部分或全部内容。
版权所有，侵权必究
举报电话：010-62752024　电子信箱：fd@pup.pku.edu.cn
图书如有印装质量问题，请与出版部联系，电话：010-62756370

内 容 简 介

随着网络技术的普及和应用,网络信息管理系统的应用在政府部门、企业和公众的信息管理工作中发挥了巨大的作用。本书以网络信息管理系统的设计过程和开发方法为背景,主要讲解利用 Apache 技术建立网站和申请域名的方法,介绍利用 MySQL 数据库管理系统软件保存和管理网络数据的技术,介绍利用 PHP 技术设计网页程序发布信息的技术,简要讲解开发网络图书销售信息管理系统的过程。

目前很多开发人员采用 Apache,MySQL 和 PHP 技术开发网络信息管理系统软件。本书作为入门知识,主要讲解 PHP 技术和 MySQL 技术的应用。书中列举了容易理解的程序以便读者学习。学习计算机知识需要配合上机操作才能掌握相关技术,本书介绍的所有软件都能够从官方网站下载供大家学习。通过理论学习和实际操作,读者应当学会建立网站发布信息的技术,学会利用网站收集信息并利用信息为管理工作服务的技术。

由于网络技术的普及,很多非计算机专业人员希望学习网络信息管理的技术,所以本书编写过程中立足于非计算机专业人员学习开发网络信息管理系统的知识,在内容组织上力求简单实用,适合初学信息处理技术的人员、网站开发人员和网页程序设计人员阅读。

前　　言

　　网络数据库应用技术是以互联网技术为平台,利用数据库管理技术和网页程序设计技术,实现网络信息资源的管理。利用网络数据库技术可以加强信息资源的管理,通过对信息资源进行加工可以获得能够为管理和决策工作服务的信息。近几年来,网络技术和移动网络技术的应用,为人们有效利用互联网的资源提供了有利的技术保障,为人们登录网络、浏览和发布信息提供了方便。

　　随着"互联网＋"计划的实施,网络信息管理系统得到了广泛应用,借助云存储技术和大数据分析技术,通过对信息的存储、加工和利用能够为人们提供管理和决策信息。目前电子政务系统、电子商务系统、电子金融系统软件在企业、社会组织、个人网站的应用越来越普遍。网络数据库应用技术是一种开放式的信息加工技术,为人们提供了一种及时、快捷的管理信息方法。为了能够适应社会发展,有必要学习和了解网络数据库应用技术和网络信息管理技术的知识。

　　网络数据库应用技术是管理网络信息资源的技术。管理网络信息资源需要建立网络信息管理系统,需要做好以下工作：① 建立网站,申请网站域名；② 根据信息管理的需要设计数据库模型,形成网络信息资源；③ 根据信息处理的需要设计网页程序,为浏览者提供浏览信息的网页页面；④ 网站管理员日常做好维护信息资源和更新网页程序的工作,保证网络信息资源的时效性。

　　本书第一章介绍网络数据库应用技术的基本知识,说明网络信息管理技术的资源构成和开发网络信息管理系统需要做的工作；第二章介绍配置网络信息管理系统开发环境的知识,说明利用 Apache 技术建立网站和申请域名的过程；第三章介绍 MySQL 数据库管理系统的知识,说明建立数据库模型保存和管理网络数据的技术；第四章、第五章介绍设计网页程序的方法；第六章介绍 PHP 程序设计语言的应用技术；第七章介绍 PHP 网页与网页程序的操作技术；第八章介绍 PHP 网页管理 MySQL 数据库数据的技术；第九章介绍利用 MySQL 技术和PHP 技术开发网络图书销售信息管理系统的方法。

　　本书主要讲解网络信息管理的基础知识,在内容组织上立足非计算机专业的人员学习,读者如果能上机操作调试书中提供的案例,将有助于掌握相关技术。通过理论学习和实际操作,读者可以掌握建立网站发布信息的技术、学会利用网站收集信息并利用信息为管理工作服务的技术。

　　本书在编写过程中得到了北京大学出版社的大力支持,也得到了很多同行和读者的帮助,对此表示感谢。由于计算机技术发展较快,书中可能存在错误和遗漏,请读者指正,欢迎联系 http://blog.sina.com.cn/rdcj 下载资料讨论问题。

编者
2019 年 9 月

目 录

第一章　网络数据库应用技术概述 (1)
　1.1　计算机应用技术概述 (1)
　1.2　网络数据库应用技术 (2)
　思考题 (7)

第二章　配置网络信息管理系统的开发环境 (8)
　2.1　AppServ 软件概述 (8)
　2.2　下载、安装、测试和配置 AppServ 软件 (10)
　2.3　安装 Dreamweaver 网页程序设计软件 (20)
　2.4　网站域名的基本知识 (22)
　思考题 (23)

第三章　MySQL 数据库管理系统 (24)
　3.1　MySQL 数据库管理系统概述 (24)
　3.2　网络数据库的数据模型 (26)
　3.3　管理 MySQL 服务器的用户 (31)
　3.4　管理 MySQL 数据 (34)
　思考题 (49)

第四章　HTML 语言概述 (50)
　4.1　网页程序的基本结构 (50)
　4.2　HTML 的基本标签 (52)
　4.3　CSS 层叠样式表 (62)
　思考题 (69)

第五章　Dreamweaver 网页设计软件 (70)
　5.1　Dreamweaver 软件的概述 (70)
　5.2　建立和编辑网页程序 (72)
　5.3　表格的应用 (76)
　思考题 (78)

第六章　PHP 程序设计语言 (79)
　6.1　PHP 程序设计语言概述 (79)
　6.2　PHP 语言的变量、数据类型、运算符、表达式 (82)
　6.3　PHP 语言的数组 (88)
　6.4　PHP 语言的函数 (90)
　6.5　PHP 语言的控制语句 (100)
　6.6　自定义函数 (110)
　思考题 (112)

第七章　PHP 程序与网页表单的操作 ……………………………………………（113）
　　7.1　网页的表单与 PHP 程序 …………………………………………………（113）
　　7.2　表单的元素 …………………………………………………………………（118）
　　7.3　网页页面间的跳转及数据交换 ……………………………………………（138）
　　思考题 ……………………………………………………………………………（143）

第八章　PHP 程序与 MySQL 数据库的操作 ……………………………………（144）
　　8.1　PHP 技术与 MySQL 数据库 ………………………………………………（144）
　　8.2　PHP 程序维护 MySQL 数据库 ……………………………………………（150）
　　8.3　PHP 程序维护 MySQL 数据表 ……………………………………………（157）
　　8.4　PHP 程序维护数据表的数据 ………………………………………………（164）
　　思考题 ……………………………………………………………………………（181）

第九章　网络数据库应用技术示例 ………………………………………………（182）
　　9.1　网络图书销售信息管理系统概述 …………………………………………（182）
　　9.2　网站的主页页面 ……………………………………………………………（189）
　　9.3　会员注册的网页页面 ………………………………………………………（194）
　　9.4　增加图书的网页页面 ………………………………………………………（198）
　　9.5　留言板系统设计 ……………………………………………………………（202）
　　思考题 ……………………………………………………………………………（213）

第一章　网络数据库应用技术概述

网络数据库应用技术是进行网络信息管理的技术，它借助互联网的硬件资源和软件资源，提供了一种开放式的加工信息的方法。利用网络数据库应用技术能够方便、快捷地获取信息，能够提高管理工作的效率，所以网络数据库的应用越来越普遍。

本章介绍网络数据库应用技术的基本知识，包括以下内容：
➢ 计算机应用技术的知识，说明计算机应用技术在信息管理工作中的作用。
➢ 网络数据库的应用技术，说明利用网络数据库技术管理信息的工作原理。

学习本章应当掌握网络数据库应用技术的基本术语，掌握网络数据库应用系统的工作原理。

1.1　计算机应用技术概述

1.1.1　计算机应用技术

1. 计算机应用

在日常工作中，人们利用计算机主要以加工信息和利用信息为目的，通过对信息的加工，能够有效地利用信息为日常管理工作服务。计算机应用涉及计算机技术、网络技术、信息管理技术、程序设计技术、数据库技术等多方面，它是一个综合的技术学科。

当今，计算机应用发生了较大的变化，计算机应用的领域从数值计算、文字信息处理和多媒体信息的加工发展到利用互联网收集和发布信息、利用网络实现物联网应用、利用网络实现云存储、利用网络进行大数据分析和智能决策等诸多方面。

2. 计算机信息系统

计算机信息管理系统是以计算机技术为工具、以信息处理为核心的系统。计算机信息系统软件是为了解决实际应用问题，利用计算机程序开发工具设计的程序系统。例如，电子政务系统、网络购物系统、网络金融系统、办公事务管理系统等，都属于计算机信息管理系统。

计算机信息管理系统的职能包括信息的收集、存储、加工、传递和利用五个环节，通过对信息的加工，得到信息的加工结果，成为日常管理和决策工作的依据。利用计算机信息管理系统软件能够提高组织的信息管理水平，快速地为管理者提供管理信息和决策信息服务，从而提高组织的竞争力。因此政府机构、企业和公众非常重视信息管理系统的开发和应用工作。

1.1.2　网络信息管理系统的应用

1. 网络信息管理系统

为了解决组织的信息管理问题，利用互联网和移动互联网技术，通过数据库技术存储数据而设计的网络化的信息管理系统，称为网络信息管理系统。网络信息管理系统利用数据库技术保存数据,利用网页技术收集、加工和发布信息,利用网络实现信息的传递,提高了信息处理和利用的效率。

网络信息管理系统的应用是大数据技术和智能化管理技术应用的基础。随着网络信息管理系统的应用,利用大数据分析技术对网络数据进行筛选和分析,能够预测未来事务的发展趋势,大数据分析决策、智慧城市建设、智慧教育应用提高了管理和决策的水平,给人们的生活带来了便利。

2. 网络信息管理系统的应用

电子政务系统是政府机构在其管理和服务职能中,运用"互联网＋"技术建立政务信息管理系统,实现利用网站或移动网络发布政务信息,超越了时间、空间和部门分割的制约,全方位地向社会提供优质、规范、透明的信息服务。电子政务系统能够为政府机关内部的人员提供政府职能部门内部的信息交流服务,提高办公效率和工作质量;也能为公众提供政务信息服务,帮助人们了解公众关心的政策、法规、办事流程等信息,能够加强政府与公众之间的联系。

利用网络信息管理技术实现网络银行、网络保险、网络证券、网络税务等电子金融系统的应用,在相关领域的信息管理工作中发挥了巨大的作用。另外,在商业贸易活动中,买卖双方利用网络信息管理技术进行各种商贸活动,完成商户与消费者之间的线上交易和电子支付职能。电子商务能够实现网上购物、订票、订酒店等商务活动,电子商务的应用得到经营者和消费者的喜爱。

企业利用网站能够发布企业概况信息、发布新产品的宣传信息、能够实现网上订购产品、树立新的企业形象。客户能够直接在网上了解企业的产品信息、订购所需产品,这样有效实现了企业内部各部门之间、企业与客户之间的信息交流,通过建立企业网站加强了企业管理工作的职能,提高了企业的竞争力。

个人利用互联网能够在线交流会话,也能够建立个人网站、利用微博和微信发布信息和交流信息。

总之,网络信息管理系统的应用与人们的工作和学习密切相关,为了能够适应社会发展的需要,人们需要了解网络信息管理系统和网络数据库应用技术的知识。

1.2 网络数据库应用技术

1.2.1 网络数据库应用技术的基本术语

1. 网络数据库应用技术

网络数据库应用技术是利用互联网技术,将信息组织成数据库,并将数据库文件保存在网站的服务器中,浏览者通过网络获取和浏览信息的技术。网络数据库应用技术涉及网络通信技术、数据库技术、网页程序设计技术。其核心是利用技术措施,实现信息化管理,解决现实的应用问题,提高管理和职能决策的水平。

2. 计算机网络体系结构

计算机网络是指处于异地的计算机,通过通信线路链接,在网络软件的控制下,实现资源共享为目的计算机系统。在图 1.1 所示的计算机网络体系结构简图中,计算机各节点互连构成了计算机网络系统。

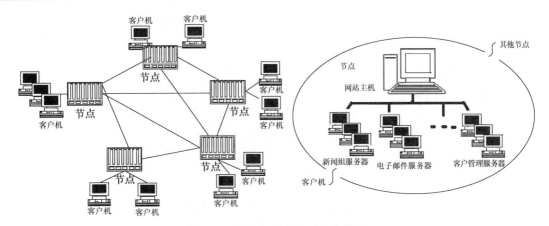

图 1.1 计算机网络体系结构简图

节点是有独立通信 IP 地址并且具有传送或接收数据功能的计算机,相关节点的集合构成了网站,网站与网站之间相互连通构成了互联网络。

3. 网站的资源构成

网站包括计算机的硬件资源和软件资源,网站保存大量信息供浏览者浏览。

网站的硬件资源是网站存储信息、加工信息的基础,网站的硬件资源主要包括通信设备、网站主机、网站服务器和客户机等。网站的软件资源主要包括系统软件、应用软件开发工具和应用软件。图 1.2 说明了本书涉及的网络信息管理技术的资源构成。

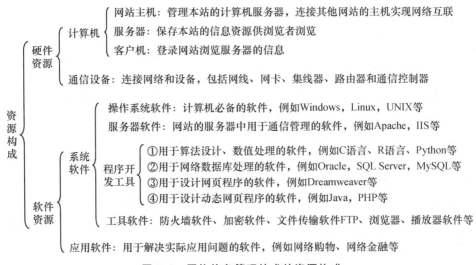

图 1.2 网络信息管理技术的资源构成

4. 通信设备

网站的通信设备负责完成通信链接,包括网站与网站之间的链接,网站内部的主机与服务器的链接、客户机与网站的链接。

5. 网站主机

网站主机主要完成管理和链接的职能。一方面负责管理本网站服务器中保存的信息,另一方面负责链接网络的其他节点。对于小型网站可以选择高档微机作为网站主机,对于大型网站可以选择小型计算机或中型计算机作为网站主机,网站主机要安装网络通信软件。

6. 网站服务器

网站服务器主要完成保存信息和网页程序文件的职能。网站服务器安装有服务器软件,例如 Apache 或 IIS 软件。在网站服务器中,保存有网站发布的信息供浏览者浏览。网站的信息通过网页程序的处理,以网页页面的形式显示给浏览者。

网站服务器分成不同类型,有专门对新闻信息进行管理的服务器称作新闻组服务器,专门对电子邮件进行管理的服务器称作电子邮件服务器,专门对客户的网站进行管理的服务器称作客户管理服务器,利用数据库技术做存储数据的服务器称作数据库服务器。

7. 客户机

互联网的终端也称作客户机,例如台式机、笔记本、手机和移动设备。客户机登录互联网,连接到网站以后能够浏览到网站保存的信息。

以台式机或笔记本计算机的 Windows 系统为例,客户机登录到网站需要做好以下准备:

(1) 前往电信部门办理上网登记,获得登录上网的用户名和密码(即本机动态 IP 地址)。

(2) 安装 Windows 系统,Windows 系统自带 TCP/IP 软件和 IE 浏览器软件。

(3) 安装媒体播放软件,例如 Windows Media Player。

(4) 安装上传/下载文件的软件,能够在客户端与网站服务器之间传递文件。

(5) 如果将客户端配制成网站发布信息,需要学习本书的知识。

8. IP 地址

互联网依靠 TCP/IP 协议,在全球范围内实现不同硬件结构、不同操作系统、不同网络系统的互联。互联网上的每一个节点都依靠唯一的标识地址互相区分和互相联系,这就是计算机的 IP 地址,计算机与计算机之间通过 IP 地址互联互通。

IP 地址的分配策略有 IPv4 和 IPv6 版本。IPv4 版本策略是一个 IP 地址用 32 位二进制数表示,分为 4 段,每段由 8 位二进制数组成用十进制数表示,每段数字范围为 0~255,段与段之间用圆点隔开。例如某一台主机的 IP 地址为 124.168.126.8。每个 IP 地址又可分为网络号和主机号部分:网络号表示其所属的网络段编号,主机号则表示该网段中主机的地址编号。按照这个规则,理论上 IP 地址有 2^{32} 个可能的地址组合,这说明 IP 地址是有限的,也就是说网络上计算机的数量是有限的。IPv6 版本策略是一个 IP 地址用 128 位二进制数表示分为 16 段,每段由 8 位二进制数组成。因此按照这个规则,理论上 IP 地址有 2^{128} 个可能的地址组合。IPv6 版本方案提供的 IP 地址的数量比较多,为物联网的应用提供了技术保障。

在浏览器的地址栏输入"ip"命令,能够显示登录上网后本机的 IP 地址。例如,某一台主机的 IP 地址为 124.168.126.8。为了便于浏览者记忆和登录网站,将数字表示的 IP 地址用字母表示,称作域名地址。当浏览者访问网站时,直接输入域名地址,例如 www.sina.com,网络的域名解析机制会将域名地址转换成对应的 IP 地址,实现网站的登录。

9. 网页程序

当浏览者登录互联网浏览信息时,需要在浏览器软件的地址栏输入要访问的网站域名,输入域名时实际上就得到了所登录计算机的 IP 地址,也就是找到了计算机的位置。由于网页程序文件保存在网站计算机服务器中,当客户浏览信息时,浏览器软件能够找到浏览者要浏览的网页程序,将这个网页程序文件下载到浏览者的客户机中,这样就能够浏览网页页面上的内容了。网页程序分成静态网页程序和动态网页程序两种形式。

(1) 静态网页程序。

静态网页程序是用于处理文字、图片、声音、表格、超级链接、接收浏览者输入的数据的网页程序。静态网页程序是用超文本标记语言（HTML）的标签语句设计的网页程序。只要浏览者的计算机安装有浏览器软件就能够浏览网页页面的内容。

(2) 动态网页程序。

动态网页程序是指网页程序除了具有静态网页程序的职能外，还能够加工输入的数据，并将数据保存到网站的数据库服务器中，这样在网站与客户之间建立了交互处理信息的机制。这类网页程序是用 HTML 语言的标签语句和动态数据处理的语句设计的，所以，动态网页程序常用于加工数据库的数据。

设计动态网页程序的技术要求比较高，网站需要安装数据库管理系统软件（例如 Oracle，SQL Server，MySQL）和动态网页程序设计语言软件（例如 Java 技术或 PHP 技术）。从占用计算机系统资源的角度来看，利用 PHP 技术设计网页程序、利用 MySQL 数据库保存数据是开发网络信息管理系统的最佳组合。

10. 网络数据库管理系统

数据库是将数据按照一定规范组织起来的相关数据的集合。开发网络信息管理系统软件普遍采用数据库技术保存网络的数据。对网络数据的管理，需要利用网络数据库管理系统软件，常见的网络数据库管理系统软件有 Oracle，SQL Server，MySQL 等。

11. 网络数据库应用系统

网络数据库技术是互联网信息的管理技术，其核心是为了解决现实的实际应用问题，利用网络数据库保存数据，利用网页程序处理数据库的数据。

1.2.2 开发网络数据库应用系统

1. 网络数据库应用系统的工作原理

为了充分利用互联网的信息资源，帮助个人、企业和社会组织利用网络发布信息、管理信息和获取信息，需要开发网络数据库应用系统。网络数据库应用系统既有复杂的、大规模的信息加工系统，例如电子商务系统、电子政务系统、网络办公系统、网络金融系统等，也有专项的、小规模的信息加工系统，例如网络票务系统、网络商城系统、网络信息查询系统等。

网络数据库应用系统，结合某项任务数据合理分类后建立数据库模型，所有信息保存在网络数据库中，浏览者利用网页程序能够随时增加、删除、修改和查询数据库中的数据，这样能够保证数据库数据的真实性和准确性，便于浏览者获得自己需要的信息。

2. 开发网络数据库应用系统需要做的工作

建立网络数据库应用系统是一项复杂的系统工程，涉及网站管理技术、网络数据库技术和网页程序设计技术。结合实际应用，开发网络信息管理系统在仔细调研、认真设计之后，需要做以下工作：

(1) 构建开发环境。建立网站、申请域名、安装开发工具软件。

(2) 应用系统分析。了解应用系统的用户需求，确定应用系统的应用需求和数据关系。

(3) 设计数据库模型。结合用户的需求，分析应用系统的数据结构，设计数据库模型。

(4) 设计网页程序。结合用户的需求，设计网页程序供浏览者浏览。

(5) 综合调试数据库应用系统的各项功能，将数据库模型和网页程序上传至网站服务器。

(6) 网站日常应用与维护。完成网页程序的修改升级和数据的备份工作。

3. 建立网站

网站用于保存网络信息管理系统的数据库和网页程序文件。每个网站有 IP 地址或域名地址供浏览者访问。个人、企业和社会组织都能够根据自己的需要建立网站，在网站上发布信息。以下两种方法能够建立网站：

（1）自行建站。

自行建站是指在互联网上发布信息的个人、企业和社会组织利用自己的计算机作为网站服务器，数据库和网页程序保存在自己的计算机服务器中供浏览者浏览的建站方式。个人、企业和社会组织自行建立网站时需要做以下工作：

① 在计算机中安装 Apache 或 IIS 网站服务器软件，这样计算机才能具有通信职能成为网站；

② 将网络数据库应用软件的数据库和网页程序文件保存在安装 Apache 或 IIS 服务器软件的指定文件夹；

③ 安装 Apache 或 IIS 网站服务器软件的计算机能够正确连接互联网，这样计算机拥有 IP 地址，个人、企业和社会组织的网站管理员把 IP 地址告诉给浏览者，浏览者在浏览器软件的地址栏输入这个 IP 地址就能够浏览网站的信息了。

个人、企业和社会组织采用自行建站方式建立网站，数据库的数据和网页程序要保存在个人、企业和社会组织的计算机服务器中，所以能够保证数据的安全。但是，自行建站需要考虑网站信息的浏览速度，毕竟个人、企业和社会组织建立网站要受到电信部门通信带宽的制约。另外，自行建站需要申请固定的域名地址，以便浏览者登录网站。

（2）托管方式。

托管客户是指在互联网上发布信息的个人、企业和社会组织。托管服务商是指为托管客户提供域名和服务器存储空间服务的大型网站。托管客户建立网站时需要登录托管服务商的网站进行申请，申请时托管客户要填写用户名、密码、托管域名、服务空间的大小、交费方式、联系方式、服务方式等资料。托管服务商经过核实确认后，托管客户成功地在托管服务商的计算机中建立了网站。建立网站后，将自己建立的数据库和网页程序上传到托管服务商网站的服务器中，其他浏览者就能够浏览托管客户的网站信息了。

个人、企业和社会组织采用托管方式建立网站，能够保证托管客户拥有固定的域名，也能够保证浏览者浏览网站信息的速度稳定。但是，由于托管客户的数据库和网页程序要保存在托管服务商的计算机服务器中，所以采用托管方式建立网站，托管客户需要考虑网站数据的安全问题。

（3）域名解析。

域名解析服务能够把自行建站后，网站的 IP 地址绑定到一个固定域名地址，方便浏览者通过域名地址浏览网站的页面。很多互联网服务商提供域名解析服务，域名解析服务的操作方法是：

① 下载和安装客户端软件。登录提供域名解析服务的网站，在自主网站的计算机主机，下载和安装域名解析服务的客户端软件。

② 注册域名。在客户端提交申请资料，注册需要申请的域名，获得认证后进行网站备案。

③ 网站备案。根据国家法律规定网站的所有者需要向有关部门申请备案，中华人民共和

国工业和信息化部建立了统一的备案工作网站,接受网站所有者的备案登记。

④ 日常应用。解析服务的客户端软件自动将计算机的 IP 地址与申请的固定域名绑定在一起,浏览者在浏览器的地址栏输入 IP 地址或申请的域名地址后,浏览者能够浏览网页页面。

4. 安装开发工具软件

开发网络信息管理系统软件,需要安装开发工具软件:

(1)用于网络通信的服务器软件,本书介绍 Apache 软件。
(2)用于保存数据的数据库管理系统软件,本书介绍 MySQL 软件。
(3)用于制作网页程序的软件,本书介绍 Dreamweaver 软件。
(4)用于动态数据处理的软件,本书介绍 PHP 软件。

上述软件可以从官方网站免费下载并安装,详细安装方法参见本书第二章。

5. 设计数据库模型

网络数据库应用系统采用数据库技术保存数据。在实际应用中要结合解决问题的具体案例,仔细设计数据结构,建立保存数据的数据库模型,本书第三章介绍设计数据库模型的方法。

6. 建立网页程序文件

网络的信息通过网页程序以网页页面的形式供浏览者浏览,网络数据库应用系统需要建立很多网页程序,本书第四章至第八章介绍设计网页程序的方法。

本章结合计算机技术的应用,介绍了网络信息管理系统在日常信息管理和企业决策中的作用,说明了网站的硬件和软件的组成,介绍了开发网络信息管理系统需要做的工作。

思 考 题

1. 说明计算机信息管理的职能包括哪些环节。
2. 说明计算机网络体系结构的构成。
3. 说明网络信息管理系统的典型应用案例。
4. 说明网络主机、网站服务器、网站客户机的作用。
5. 如何测试计算机的 IP 地址?
6. 网页程序分为哪些类别?它们的区别是什么?
7. 网络数据库应用系统的工作原理是什么?
8. 有哪些方法能够建立网站?
9. 说明开发数据库应用系统需要做哪些工作。
10. 说明域名解析服务的操作方法。

第二章　配置网络信息管理系统的开发环境

开发网络信息管理系统需要建立网络信息管理系统软件的开发环境，为后续设计数据库模型、设计网页程序做好准备。

本章介绍配置网络信息管理系统软件开发环境的方法，包括以下内容：
➢ AppServ 软件的组成和基本职能。
➢ AppServ 软件的下载、安装、测试和配置方法。
➢ 安装 Dreamweaver 网页程序设计软件的方法。
➢ 网站域名解析的基本知识。

学习本章应当掌握 AppServ 软件和 Dreamweaver 软件的安装方法，掌握建立网站、申请域名的方法。

2.1　AppServ 软件概述

AppServ 软件是开发网络信息管理系统的工具软件包，利用 AppServ 软件的工具能够建立网站，在网站保存信息和发布信息供浏览者浏览。

2.1.1　AppServ 软件简介

1. AppServ 软件

AppServ 软件是一个包括有服务器软件 Apache、网页程序设计语言 PHP、数据库管理系统软件 MySQL、网页界面的管理数据库数据的软件 phpMyAdmin 的软件安装包。

个人、企业和社会组织利用互联网保存信息和发布信息供浏览者浏览，需要建立网站、建立数据库模型、设计网页程序，这样就建立了一套网络信息管理系统，AppServ 软件是建立网络信息管理系统的软件。

AppServ 软件有很多版本，在官方网站 http://www.appservnetwork.com 能够下载 AppServ 软件。本书安装的版本是 AppServ-win32-8.6.0，其中 Apache 2.4.25，MySQL 5.7.17，PHP 7.0 和 IE 11.0.70。

2. Apache 网站服务器软件

网站包括计算机的硬件资源和软件资源，网站保存大量信息供浏览者浏览。网站的计算机必须安装服务器软件才能保证计算机互联互通，网站的计算机在服务器软件的控制下，完成数据通信和动态网页程序的运行。常见的服务器软件有 IIS(Internet Information Service) 和 Apache 软件，建立网站时可以选择安装其中的一个产品。

Apache 服务器软件是可以运行在 Windows，Linux 和 UNIX 操作系统下的多平台操作系统的服务器软件。这个软件产品能够从官方网站免费下载，它支持 MySQL 数据库与动态网页程序的数据处理，具有占用资源少、管理简单的特点。

3. MySQL 数据库管理系统软件

数据库管理系统软件(database management system,DBMS)是保存和管理数据库数据的软件,常见的软件产品有 Oracle、DB2、SQL Server、MySQL。利用数据库管理系统软件能够建立数据库模型,例如网络图书销售管理数据库、学籍管理数据库、购物管理数据库等。利用数据库管理系统软件的命令能够管理数据库中的数据。

由于 MySQL 软件具有占用资源少、数据安全程度高、便于网页程序处理的特点,目前开发网络信息管理系统,普遍采用 MySQL 数据库管理系统保存数据。

4. PHP 网页程序设计软件

互联网的信息通过网页页面的形式显示给浏览者,网页页面是网页程序在浏览器软件的控制下得到的执行结果,因此个人、企业和社会组织要想在网站上发布信息,需要设计网页程序。由于动态网页程序具有在浏览者与网站之间交互加工数据的职能,目前很多网站采用动态网页相关技术设计动态网页程序。

PHP 网页程序设计软件是设计动态网页程序的软件。利用 PHP 技术能够设计出在网站与客户端之间实现交互数据处理职能的 PHP 网页程序,满足用户需求。采用 PHP 技术规范设计的网页程序能够在 Windows、Linux、UNIX 系统运行。

5. phpMyAdmin 软件

phpMyAdmin 软件是利用网页页面的形式管理 MySQL 数据库数据的软件。

2.1.2 AppServ 软件的文件夹结构

1. AppServ 软件的系统文件夹结构

以 Appserv-win32-8.6.0 软件为例,AppServ 软件能够安装在计算机的任意硬盘。如果将 AppServ 软件安装在 D 盘,那么安装 AppServ 软件完成后,在 D 盘与 AppServ 软件有关的系统文件夹的结构是:

D:/AppServ/apache24/　　　　　　　保存 Apache2.2 服务器软件。
D:/AppServ/php7/　　　　　　　　　保存 PHP 网页程序开发工具软件。
D:/AppServ/MySQL/　　　　　　　　保存 MySQL 数据库管理系统软件。
D:/AppServ/MySQL/data/　　　　　　保存应用软件的数据库、数据表文件。
D:/AppServ/www/　　　　　　　　　保存应用软件的网页程序文件。

2. AppServ 软件的辅助文件夹结构

辅助文件夹用于保存网站各种素材的文件夹,如图片、音乐等。开发人员可以自己规划网站素材文件夹的结构,例如:

D:/AppServ/MySQL/data/bookstore/　　保存应用软件的数据表文件。
D:/AppServ/www/bookstore/　　　　　保存应用软件的网页程序。
D:/AppServ/www/bookstore/jpg/　　　保存应用软件的图片文件。
D:/AppServ/www/bookstore/mp3/　　　保存应用软件的歌曲文件。
D:/AppServ/www/bookstore/data/　　　保存应用软件的数据。
D:/AppServ/www/bookstore/upload/　　保存上传或下载的文件。

默认的设置方式下,网站的网页程序理论上必须保存在"D:/AppServ/www/"文件夹,数据库和数据表文件必须保存在"D:/AppServ/MySQL/data/"文件夹。这样浏览者才能通过浏览器浏览网站的页面。通过修改网站的配置参数，能够将网页程序和数据库文件保存在网站的其他文件夹。

提示：学校教学机房的机器是共享的计算机，每次课后学生离开机房时，应该保存本次操作的实验结果。机房的计算机安装了 AppServ 和 Dreamweaver 软件后，按照常规操作，学生在教学机房进行实验时，将本次实验的结果，即 D:/AppServ/www/ 和 D:/AppServ/MySQL/data/ 的文件进行备份，下次实验时，再将备份的文件复制到对应文件夹下即可，这样做就能保持实验的连续性。

2.2 下载、安装、测试和配置 AppServ 软件

2.2.1 下载 AppServ 软件

1. 登录官方网站下载 AppServ 软件

在浏览器的地址栏输入"http://www.appservnetwork.com"后，出现图 2.1 所示的 AppServNetwork 窗口。

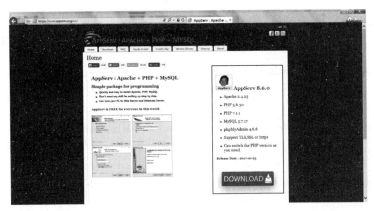

图 2.1　AppServNetwork 窗口

2. 下载 AppServ 软件

在图 2.1 所示的窗口，单击"DOWNLOAD"按钮，下载 AppServ 8.6.0 软件。该软件是一个文件名为"appserv-win32-8.6.0"的应用程序。本例将"appserv-win32-8.6.0"应用程序下载保存在"D:/"盘。

2.2.2 安装 AppServ 软件

1. 停止 IIS 服务器软件工作

由于 IIS 和 Apache 软件都是服务器软件，要安装 AppServ 软件，首先需要检查计算机中是否安装或启动了 IIS 软件。如果计算机中没有安装 IIS 软件，可以直接安装 AppServ 软件。如果计算机中安装了 IIS 软件，那么需要先停止 IIS 软件工作后才能安装 AppServ 软件。

停止 IIS 服务器软件工作的方法是在 Windows 系统的桌面选择"开始"→"控制面板"→"管理工具"→"服务"选项，出现图 2.2 所示的 Windows 服务程序窗口，显示出目前计算机的服务程序。

第二章　配置网络信息管理系统的开发环境

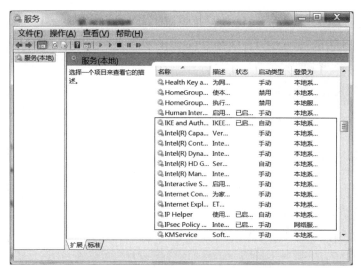

图 2.2　Windows 服务程序窗口

在图 2.2 所示的窗口,选择名称列中的"IIS Admin"后,单击鼠标右键出现快捷菜单,选择"停止"菜单项,这样可以停止 IIS 服务器软件工作。

提示:如果在图 2.2 所示的窗口没有显示"IIS Admin"的名称,说明计算机中没有安装 IIS 软件,可以直接安装 Apache 软件。

2. 暂停杀毒软件工作

为了顺利安装 AppServ 软件,需要暂时停止杀毒软件或其他正在运行的软件的工作。

3. 执行 AppServ 软件安装程序

(1) 因为 AppServ 软件的安装程序(appserv-win32-8.6.0)保存在"D:/盘",所以找到 AppServ 软件的安装程序,双击鼠标键执行安装程序,出现图 2.3 所示的 AppServ 安装界面窗口。

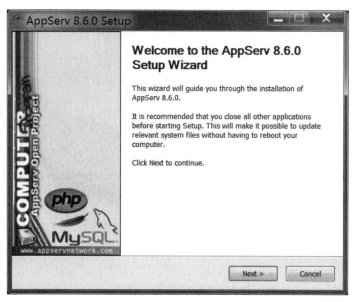

图 2.3　AppServ 安装界面窗口

（2）在图 2.3 所示的窗口，单击"Next"按钮，出现图 2.4 所示的 AppServ 安装提示窗口。

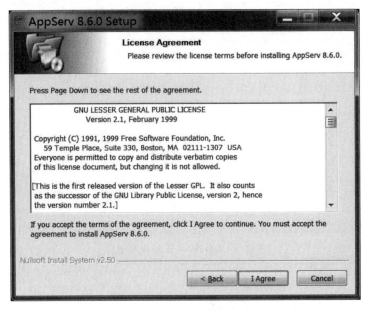

图 2.4　AppServ 安装提示窗口

（3）在图 2.4 所示的窗口，选择"I Agree"按钮，出现图 2.5 所示的 AppServ 安装盘窗口。

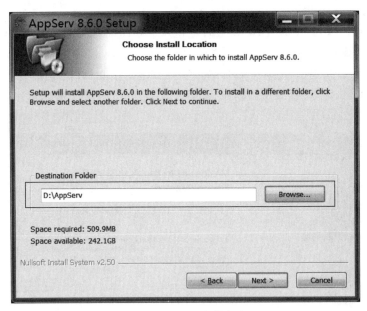

图 2.5　AppServ 安装盘窗口

（4）在图 2.5 所示的窗口，选择安装 AppServ 软件的文件夹名称，本例选择"D:/AppServ"，单击"Next"按钮，出现图 2.6 所示的安装 AppServ 组件窗口。

（5）在图 2.6 所示的窗口，勾选要安装的组件，单击"Next"按钮，表示安装 AppServ 软件的指定组件，出现图 2.7 所示的设置网站域名和邮箱窗口。

第二章　配置网络信息管理系统的开发环境

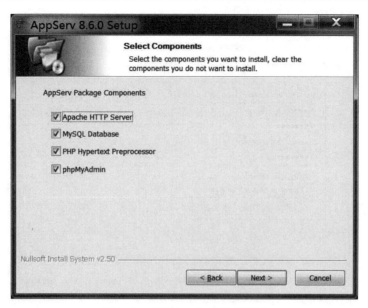

图 2.6　安装 AppServ 组件窗口

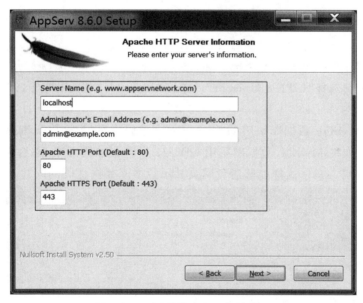

图 2.7　设置网站域名和邮箱窗口

（6）在图 2.7 所示的窗口中，输入网站域名和网站系统管理员的电子邮箱地址，单击"Next"按钮，出现图 2.8 所示的设置 MySQL 管理员密码窗口。

提示：可以根据需要设置网站域名和网站系统管理员的电子邮箱地址，最好设置成为已经申请到的网站域名和管理员的电子邮箱。

（7）在图 2.8 所示的窗口中，做以下设置工作：

① MySQL 数据库管理员的用户名称是"root"，在图 2.8 所示窗口中，设置 MySQL 数据库管理员的登录密码。本例在"Enter root password"和"Re-enter root password"位置输入的密码是"12345678"。

13

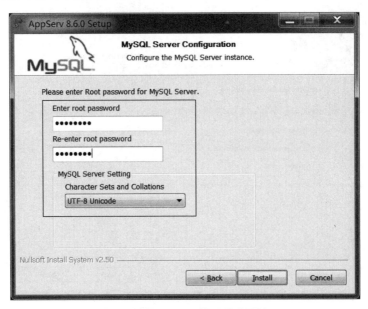

图 2.8　设置 MySQL 管理员密码窗口

提示：务必记住图 2.8 输入的数据库管理员的初始密码，否则将不能使用 MySQL 数据库软件。

② 在"MySQL Server Setting Character Sets and Collations"选择 MySQL 数据库保存数据的编码规范，本例选择"UTF-8 Unicode"。单击"Install"按钮，出现图 2.9 所示的 AppServ 安装进度窗口。

提示：如果 MySQL 数据库采用 UTF-8 字符集编码方案，那么网页编码也要采用 UTF-8 字符集编码方案；如果 MySQL 数据库采用 GB2312 字符集编码方案，那么网页编码也要采用 GB2312 字符集编码方案。这样能够避免网页显示数据库数据乱码的问题。

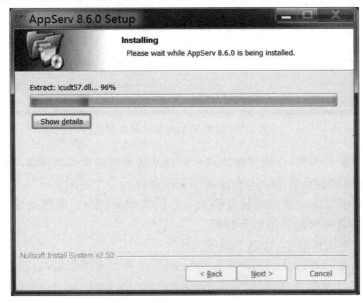

图 2.9　AppServ 安装进度窗口

(8) 在图 2.9 所示的窗口,计算机开始安装相关软件,屏幕显示安装进度,单击"Next"按钮,出现图 2.10 所示的 AppServ 安装完毕窗口。

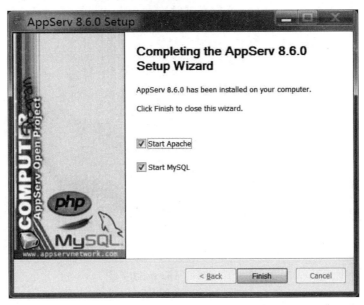

图 2.10　AppServ 安装完毕窗口

(9) 在图 2.10 所示的窗口,选择"Start Apache"和"Start MySQL"选项,表示执行完安装程序后,计算机自动启动 Apache 服务器软件和 MySQL 数据库软件。单击"Finish"按钮,完成 AppServ 软件的安装工作。

AppServ 软件安装完毕后,选择 Windows 系统的"资源管理器"可以查看计算机 D 盘文件夹的安装情况,如图 2.11 所示出现了 AppServ 软件的四个组件。在"D:/AppServ/"文件夹中的"Uninstall AppServ8.6.0"文件是卸载 AppServ 软件的程序。

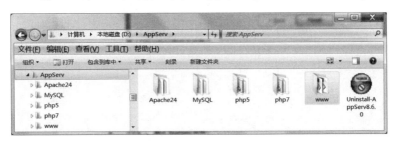

图 2.11　浏览 AppServ 文件夹

2.2.3　测试 AppServ 软件

1. 测试 Apache 服务器软件

由于计算机安装了 AppServ 服务器软件,所以计算机成为一个网站,用于测试的默认 IP 地址是"127.0.0.1"。在浏览器的地址栏输入"http://127.0.0.1",出现图 2.12 所示的测试 Apache 服务器窗口,显示 AppServ 软件自带的主页网页程序,表示 Apache 服务器软件安装成功。

15

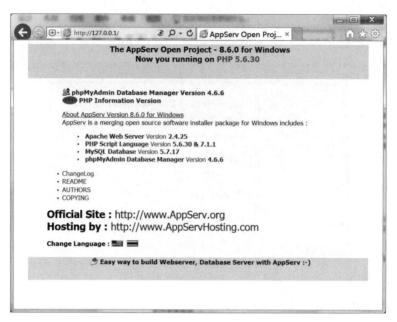

图 2.12 测试 Apache 服务器

2. 测试 MySQL 数据库软件

在 Windows 系统的桌面,选择"开始"→"程序"→"AppServ"→"MySQL Command Line Client"选项,出现图 2.13 所示的测试 MySQL 数据库窗口,输入数据库管理员的密码,出现"mysql>"提示符,表示 MySQL 数据库管理系统软件成功安装。

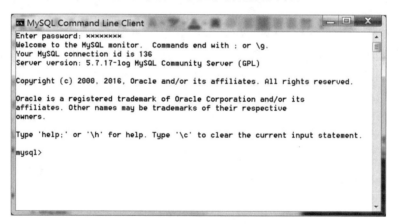

图 2.13 测试 MySQL 数据库

提示:数据库管理员的密码是图 2.8 窗口设置的密码。

3. 测试 phpMyAdmin 软件

在浏览器的地址栏输入"http://127.0.0.1/phpmyadmin",出现图 2.14 所示的测试 phpMyAdmin 软件窗口,表示 phpMyAdmin 软件安装成功。

提示:在图 2.14 所示的窗口,"用户名(U):"输入"root","密码(P):"输入"12345678",单击"执行"按钮,出现图 2.15 所示的 phpMyAdmin 软件窗口,表示正确进入 phpMyAdmin 软件。

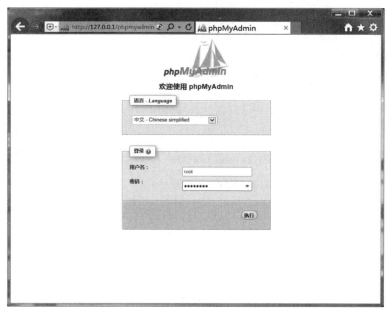

图 2.14 测试 phpMyAdmin 软件窗口

图 2.15 phpMyAdmin 软件窗口

2.2.4 配置网站参数

1. 配置网站的参数

安装 AppServ 软件时，AppServ 软件自动配置了 Apache 服务器、MySQL 数据库和 PHP 软件的相关参数。网站管理员根据需要能够修改其中的参数。

提示：建议初学者不要轻易修改网站软件的配置参数，如果设置不当将导致系统故障。

2. 设置 PHP 版本

AppServ8.6.0 版本安装后，可以选择 PHP5.6 或 PHP7.1 中的某个版本，选择 Windows 系统的"所有程序"→"AppServ"→"PHP Version Switch"选项，出现如图 2.16 所示的 PHP Version Switch 窗口，选择对应的安装版本即可，默认安装是 PHP5.6 版本。本书选择安装的是 PHP7.1 版本。

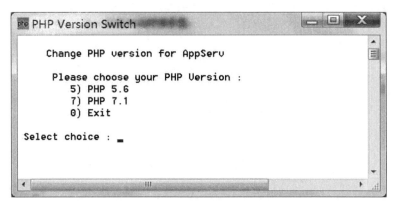

图 2.16　PHP Version Switch 窗口

3. 设置网站时钟参数

安装 AppServ 软件时，计算机默认的时区是 UTC(Universal Time Coordinated)，北京时间与 UTC 时间相差 8 小时，所以需要正确设置时间格式为北京时间。

利用 Windows 系统的记事本软件，编辑"D:/AppServ/PHP7/php.ini"文件，出现图 2.17 所示的配置 PHP 参数窗口。在图 2.17 中把下列语句：

```
;    date.timezone =
```

这一行的分号";"删除，并设置成为"PRC"：

```
date.timezone = PRC
```

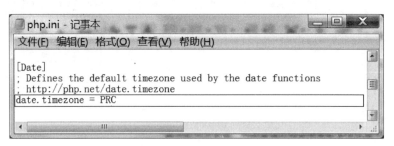

图 2.17　配置 PHP 参数

提示：本书安装的是 PHP7.1 版本，可以按照本步骤操作。如果安装 PHP5.6 版本，需要编辑"D:/AppServ/PHP5/php.ini"文件的对应内容。

4. 设置保存网页程序的默认文件夹

如图 2.5 所示，安装 AppServ 软件时，计算机默认"d:/AppServ/www"文件夹是保存网页程序的文件夹,供浏览者浏览的网页程序必须保存到这个文件夹。根据管理需要可以修改保存网页程序的文件夹。

利用 Windows 系统的记事本软件,编辑"D:/AppServ/Apache24/conf/httpd.conf"文件,出现图 2.18 所示的配置 Apache 参数窗口。在图 2.18 中把下列语句:

```
DocumentRoot "d:/AppServ/www"
<Directory "d:/ AppServ/www">
```

修改成为:

```
DocumentRoot "d:/AppServ-app"
<Directory "d:/ AppServ-app ">
```

表示设置网站保存网页程序的默认文件夹是"d:/ AppServ-app"。

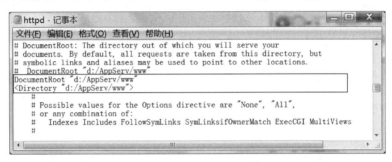

图 2.18　配置 Apache 参数窗口

5. 设置 MySQL 数据库管理员参数

安装 AppServ 软件时,计算机默认"D:/AppServ/MySQL/data/"文件夹是保存数据库的文件夹。根据管理需要能够修改保存数据库的文件夹。

在 Windows 系统的记事本软件,编辑"D:/AppServ/MySql/my.ini"文件,出现图 2.19 所示的配置 MySQL 参数窗口。在图 2.19 中把下列语句:

```
datadir= "d:/AppServ/MySQL/data/"
```

修改成:

```
datadir= "d:/mydata/"
```

表示保存数据库的默认文件夹是"d:/mydata"。

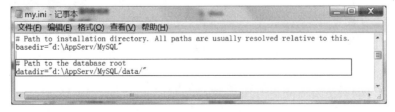

图 2.19　配置 MySQL 参数窗口

2.3 安装 Dreamweaver 网页程序设计软件

2.3.1 下载 Dreamweaver 软件

1. Dreamweaver 软件

网站的信息通过网页程序以网页页面的形式提供给浏览者浏览。Dreamweaver 软件是设计网页程序的软件，操作简单、功能强大。Dreamweaver CS 系列软件都能够设计网页程序。

2. 下载 Dreamweaver 软件

利用浏览器能够搜索到下载 Dreamweaver 软件的网站，登录到网站以后，可以将 Dreamweaver 软件下载到本地计算机的硬盘，然后执行安装程序就能够安装 Dreamweaver 软件。具体方法是：

（1）在浏览器的地址栏输入"Dreamweaver CS 软件"后，能够搜索到下载 Dreamweaver 软件的网站。

（2）登录到下载 Dreamweaver 软件的网站，下载 Dreamweaver 软件安装程序。

（3）执行下载的 Dreamweaver 软件安装程序，Dreamweaver 软件安装完毕。

2.3.2 管理 Dreamweaver 站点

1. Dreamweaver 站点

网站站点是用于互联网保存和发布信息的计算机服务器，所有网页程序文件和数据库的数据全部保存到指定的文件夹。

本书介绍的内容中，"D:/AppServ/www/"是保存网页程序文件的文件夹。建立网站站点后，利用 Dreamweaver 设计的网页程序自动保存在"D:/AppServ/www/"文件夹。

2. 建立站点

进入 Dreamweaver 软件后，出现图 2.20 所示的 Dreamweaver 软件窗口。

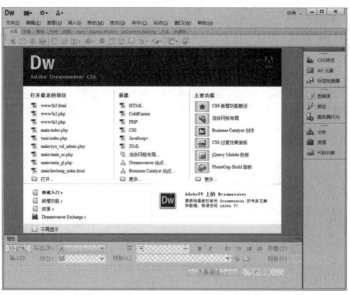

图 2.20 Dreamweaver 软件窗口

(1) 输入站点名称。

在图 2.20 所示的窗口,选择菜单栏的"站点"→"新建站点"选项,出现图 2.21 所示的定义站点名称窗口。

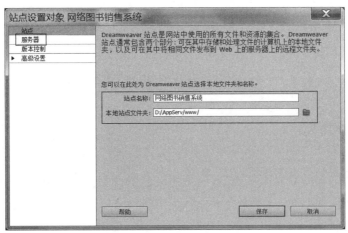

图 2.21　定义站点名称窗口

在图 2.21 所示的窗口,输入站点名称和本地站点文件夹名称,确定保存网页文件的文件夹。本例输入站点名称"网络图书销售系统",本地站点文件夹名称选择"D:/AppServ/www/",单击"保存"按钮。

(2) 设置站点服务器技术。

在图 2.21 所示的窗口,选择"服务器"选项,出现图 2.22 所示的站点定义服务器窗口。

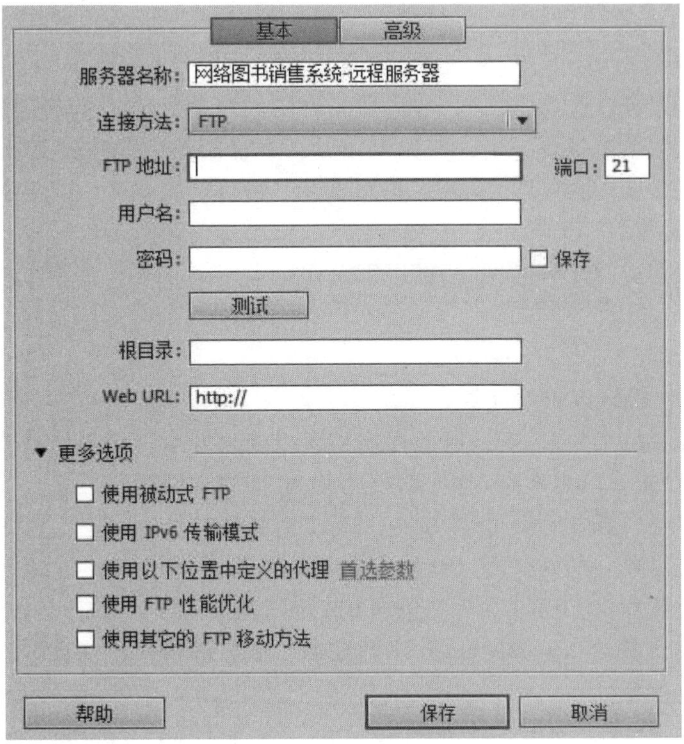

图 2.22　站点定义服务器窗口

在图 2.22 所示的窗口,选择"服务器"选项,出现图 2.22 所示的站点定义服务器名称窗口。

在图 2.22 所示的窗口,定义网站服务器名称。本例输入"服务器名称"是"网络图书销售系统-远程服务器""连接方法"选择"FTP"," FTP 地址""用户名""密码""根目录""Web URL"这些选项是申请的托管网站服务商提供的信息。单击"保存"按钮,返回到图 2.20 所示的窗口。

2.4 网站域名的基本知识

2.4.1 网站的规划

1. 网站

网站保存供浏览者浏览的网页程序,网站的信息资源保存在网站的数据库中。网站管理员负责管理网站硬件和软件,一方面要保证网络通信畅通,另外一方面在遵守法律法规的基础上,及时更新网站发布的信息,定期保存好网站的数据。

2. 网站域名

开通网站必须有 IP 地址,由于 IP 地址动态分配,为了便于浏览者浏览网站,网站管理员需要申请域名地址,在域名解析软件的控制下计算机自动将 IP 地址与域名地址绑定在一起,浏览者通过域名地址浏览网站的信息。网站管理员要做以下工作:

(1) 登录域名服务商提供的网站申请域名。

(2) 登录工业和信息化部备案系统网站备案获得备案号。

2.4.2 网站域名解析

1. 动态域名解析服务

动态域名解析服务就是将动态 IP 地址和固定的域名地址实时绑定的服务。这就是说它能够将一个固定的域名解析到一个动态的 IP 地址,不管网站何时连接互联网、以何种方式连接、无论 IP 地址是什么,动态域名解析服务都能绑定到固定的域名供浏览者浏览网站。

2. 申请固定域名

登录提供域名和空间服务的网站,做以下操作:

(1) 注册成为会员。

(2) 申请域名。

(3) 下载、安装、设置客户端软件。

建立网站的计算机工作时,解析服务程序的客户端软件会自动工作将域名地址与 IP 地址绑定,浏览者既可以通过域名地址,也可以通过 IP 地址浏览网站的信息。

本章介绍了 AppServ 软件的安装方法。通过 2.2 节的介绍,建立了网站,计算机出现了图 2.12 后,计算机由单一的浏览器计算机变成既是浏览器计算机又是服务器计算机,同时也是数据库服务器的计算机。通过 2.3 节的介绍,计算机安装了 Dreamweaver 软件后,程序员能够设计网页程序。通过 2.4 节的介绍,网站安装了域名解析软件并且申请了域名后,浏览者能够登录网站浏览信息。

提示:按照上述操作,利用 Dreamweaver 软件设计了 D:/AppServ/www/index.php 网

页程序,浏览者可以登录网站的动态 IP 地址或者申请的域名地址浏览网站的信息。

思 考 题

1. 为什么要安装 AppServ 软件?
2. 安装 AppServ 软件后,如何规划网站文件的文件夹结构?
3. 安装 AppServ 软件后,如何测试设计的网页程序文件?
4. 开发网络信息管理系统需要安装哪些软件?
5. 服务器软件的作用是什么?
6. 如何测试 Apache 服务器软件是否安装成功?
7. PHP 软件有什么作用?
8. MySQL 软件有什么作用?
9. Dreamweaver 软件有什么作用?
10. 如何申请域名?动态域名解析服务有什么作用?

第三章 MySQL 数据库管理系统

MySQL 数据库管理系统是保存和管理数据的软件。利用 MySQL 软件能够建立和管理数据库和数据表文件,能够加工来自互联网的数据。

本章介绍 MySQL 软件的使用方法,包括以下内容:
➢ 简要介绍 MySQL 数据库的基本知识,说明 MySQL 的职能。
➢ 重点介绍数据库模型的概念,说明数据库、数据表和数据表记录的关系。
➢ 简要介绍数据库服务器用户管理的方法,说明 MySQL 用户的管理方法。
➢ 重点介绍利用 MySQL 建立和管理数据库、数据表文件的方法。
➢ 简要介绍 phpMyAdmin 软件的使用。

学习本章应当掌握 MySQL 软件的操作方法,掌握利用 MySQL 命令管理数据库和数据表文件数据的方法。

3.1 MySQL 数据库管理系统概述

3.1.1 MySQL 数据库的基本知识

1. MySQL 软件的特点

MySQL 数据库管理系统(以下简称 MySQL 软件)是负责管理网络数据库和数据表的软件。MySQL 软件有以下特点:

(1) 采用浏览器/服务器的工作模式,支持多用户、多线程和互联网操作。数据保存到数据库以后,可以实时处理和共享,因此提高了信息资源的利用率。

(2) MySQL 软件的数据安全机制完善。数据库管理员负责新建用户、设置用户访问数据的权限。每个用户拥有用户名和密码,用户可以建立数据库并且设置对数据库操作的权限,没有操作权限的用户将无法查看和更新数据库的数据。所以,MySQL 软件通过设置用户名和密码、设置操作数据的权限保证了数据库数据的安全。

(3) MySQL 数据库的数据类型丰富,能够处理字符、数值、日期及多媒体数据。

(4) MySQL 软件在运行时占用的资源少,软件的运行效率高。

(5) MySQL 软件的系统程序小巧、属于开放源码,许多中小型网站为了降低网站成本选择 MySQL 作为网站保存数据的软件。

2. MySQL 软件的操作模式

MySQL 软件有两种操作模式:

(1) 命令界面。

命令界面是指利用 MySQL 命令管理数据的操作方法。加工数据时需要输入操作命令,才能得到加工结果。利用操作命令管理数据时,操作方法比较烦琐,但是这种操作方法能够培养操作人员利用命令管理数据的技能,为设计网页程序打下良好基础。

(2) 图形界面。

图形操作界面是指利用 phpMyAdmin 软件管理数据库的数据，加工数据时采用菜单方式进行操作，不需要熟练记忆操作命令。

提示：MySQL 软件的上述操作方式管理数据库，能够直接加工数据表的数据，如果操作不当将导致数据的混乱。现实中加工数据库的数据，需要设计网页程序，利用设计好的网页程序加工数据，保证了数据的安全。

3. MySQL 数据库服务器

MySQL 数据库服务器是指安装 MySQL 软件的计算机，简称 MySQL 服务器。MySQL 服务器保存用户建立的数据库和数据表文件，浏览者利用网页程序能够浏览 MySQL 服务器的数据。

每个 MySQL 服务器有名称，默认的服务器名称是 localhost。

大型网站保存的数据信息量大，所以在网站可能有多台 MySQL 服务器，1 台服务器可以保存多个用户建立的数据库。

4. 数据库用户

数据库用户是指能够在数据库服务器建立数据库和数据表、管理数据的人员。数据库用户分为管理员用户和普通用户。

(1) 管理员用户。

MySQL 软件安装完毕后，服务器中建立了管理员用户，默认管理员的名称是 root，管理员的密码是安装 AppServ 软件时设置的密码。

管理员负责管理 MySQL 服务器，负责创建、修改、删除普通用户，负责设置用户访问数据库的操作权限，数据库管理员也可以建立数据库和数据表。

(2) 普通用户。

数据库管理员为普通用户分配用户名和密码，设置管理数据的权限。普通用户输入用户名和密码，登录 MySQL 服务器管理数据库数据。普通用户能够在服务器中建立多个数据库和数据表。

例如，当普通用户 user1 和 user2 要利用 MySQL 软件建立应用数据库时，需要向管理员用户 root 申请使用权限。管理员用户 root 可以在 MySQL 服务器创建 user1 和 user2 用户。他们可以各自建立数据库。user1 用户可以建立网络商城数据库和网上订机票数据库，user2 用户建立网络教学管理数据库。

3.1.2 数据类型

计算机把数据分为不同的类别，因而形成了不同类别的数据类型。MySQL 软件常用的数据类型有字符类型的数据、数值类型的数据、日期时间类型的数据，数据类型不同其表示方式和保存方式也不相同。

1. 字符类型的数据

字符类型的数据由字母、汉字、数字符号、特殊符号构成。存储 1 个字母、数字符号、键盘符号占 1 个字节。安装 MySQL 软件时，如果采用 GB2312 编码方案，那么 1 个汉字占 2 个字节。如果采用 UTF8 编码方案，那么 1 个汉字占 3 个字节。

提示：假定本章的案例采用 GB2312 编码方案，因此'张三'占 4 字节。

(1) char：定长字符类型的数据。char 类型数据的字符个数固定，实际设计时必须事先设定好字符的个数。如果设计的字符个数大于实际值的字符个数，实际值将用空格占位填充，从而达到设计要求。所以，char 类型的数据将浪费磁盘的存储空间。

例如，网络图书销售信息管理系统的会员情况表，如果设定"name char(10)"，表示"name"是 10 个字符长度的字符串，可以做赋值引用，即：

name='张三'，

这里 name 的值是 10 个字节，包括 2 个汉字字符（即张三）4 字节和 6 个空格字符 6 字节。name 右侧会有 6 个空格占位。

(2) varchar：变长字符类型的数据。varchar 类型数据的字符个数可变，实际设计时必须事先设定好字符的个数。如果设计的字符个数大于实际值的字符个数，实际值不用空格占位，这样将节省磁盘的存储空间。

例如，在网络图书销售信息管理系统的会员情况表，如果设定"name varchar(10)"，表示 name 是不超过 10 个字节的变长字符串，可以做赋值引用，即：

name='张三'

这里 name 的值是 4 个字节，2 个汉字（即张三）4 个字节。

2. 数值类型的数据

数值类型的数据包括整数和浮点数。浮点数的数据由整数部分和小数部分组成。

数量　int(3)　　　　　表示数量是 3 位整数。
单价　decimal(5,2)　　表示单价是浮点类型的数据，整数位 3 位，小数位 2 位。

3. 日期时间类型的数据

日期时间类型的数据是具有特定格式的数据，用于表示日期、时间，包括以下几种类型。

(1) date：表示日期，数据的存储格式是：yyyy-mm-dd。
(2) time：表示时间，数据的存储格式是：hh:mm:ss。
(3) datetime：表示日期和时间，数据的存储格式是：yyyy-mm-dd hh:mm:ss。

3.2 网络数据库的数据模型

本节以网络图书销售信息管理系统的应用为例，介绍利用 MySQL 软件设计数据库模型的方法。

3.2.1 数据库模型

1. 数据库模型

数据模型是计算机保存数据时需要遵守的规范。数据与数据之间存在着层次型、网状型和关系型关系。其中，以表格的形式组织数据形成的数据集合称作关系型数据。MySQL 数据模型包括数据库和数据表文件两部分。

MySQL 软件按照服务器→用户→数据库→数据表→数据项五级模式保存数据。由于网站能够配置多台 MySQL 服务器，而一个服务器允许多个用户建立数据库，一个用户可以建立多个数据库，一个数据库有多个数据表，一个数据表有多个数据项。因此，如果要加工数据库的数据，必须知道数据保存在哪个数据表，数据表保存在哪个数据库，数据库是哪个用户创建的,数据库保存在哪个服务器。

如图 3.1 所示的网络数据库模型,要处理服务器(localhost)、用户(root)、数据库(database)、A 数据表的 A1 字段的数据,可以表示成为 localhost→root→database→A→A1。

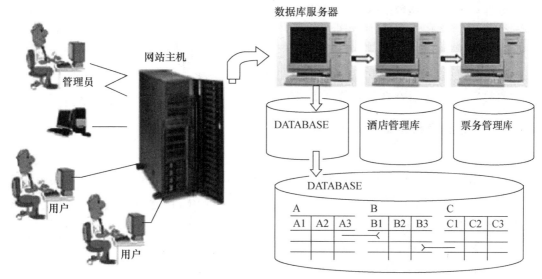

图 3.1　网络数据库模型

2．数据库

数据库由相关独立的数据表组成,一个数据库包含多个数据表。每个数据库有一个数据库名,数据库记录了数据表构成的信息。在数据库服务器中能够保存多个数据库,所以建立数据库时要明确数据库的名称,数据库的名称实际是 MySQL 服务器的文件夹名称。数据库可以采用以下范式表示:

数据库名称[数据表名称 1、数据表名称 2……数据表名称 n]

3．数据表

数据表是相关数据记录的集合,数据表由数据表的名称、数据表的结构和数据表的记录三部分组成。

(1) 数据表的名称就是数据表的文件名。

(2) 数据表的结构。

数据表由多列组成,每一列称作一个字段,每一个字段有一个字段名称,字段名称不得重复,数据表字段名的集合构成了数据表的结构。字段分为普通字段和索引字段。索引字段的值不可重复,普通字段的值可以重复。

建立数据表的结构时,要明确数据表由哪些字段组成,要定义每个字段的字段名称、字段取值的数据类型、字段的特征等内容。数据表结构可以采用以下范式表示:

数据表名称⟨字段名称 1、字段名称 2……字段名称 n⟩

(3) 数据表的一行称作一个记录,一个记录是相关字段值的集合,因此数据表保存了大量的数据。数据表中不应当有重复的记录,数据表中可以没有记录称作空表。数据表记录可以采用以下范式表示:

数据表名称⟨值 1、值 2……值 n⟩

4. 数据表之间的关联

两个数据表按照字段值相等的原则,记录之间可以建立一对一的关联关系和一对多的关联关系。通过数据关联可以实现数据表数据的共享。

如图 3.1 所示的网络数据库模型的数据存储模式,DATABASE 数据库包括 A{A1,A2,A3}、B{B1,B2,B3}、C{C1,C2,C3}表。A 表的某个字段(例如 A1 字段)与 B 表的某个字段(例如 B1 字段),按照字段值相等的原则,A 表的一条记录与 B 表的一条记录建立一对一的关联关系或一对多的关联关系。这样两个表面上独立的数据表,实际上存在新的数据关联关系。利用数据表的关联操作,能够从数据表得到更多的信息。

3.2.2 数据库模型案例

1. 数据库数据分析

以网络图书销售信息管理系统的应用为例,建立网络图书销售数据库 bookstore 包括图书目录表 book、会员情况表 member、图书销售表 sales 和留言内容数据表 message。每个数据表保存各自数据,数据库保存着数据表,例如,图书数据库的图书目录表也可以用 bookstore.book 表示。

网络图书销售数据库建立的数据表及其职能说明如下:

(1) 图书目录表(bookstore.book)。

图书目录表是保存图书信息的数据表。在网络图书销售信息管理系统的应用中,将图书目录表中收集的信息显示在网页页面上供会员选择购买。网络图书销售数据库的管理员通过处理图书目录表统计图书的销售品种、库存数量及其价值等信息。

(2) 会员情况表(bookstore.member)。

会员情况表是保存会员信息的数据表。在网络图书销售信息管理系统的应用中,只有注册成为会员的客户可以进入到网络图书销售信息管理系统,购物和查看自己的订单信息。网络图书销售数据库的管理员,通过处理会员情况表能够了解会员的情况、会员的年龄分布等信息。

(3) 图书销售表(bookstore.sales)。

图书销售表是保存图书销售信息的数据表。在网络图书销售信息管理系统的应用中,图书销售表记录了会员购买图书的信息。网络图书销售数据库的管理员要及时处理订单,通过处理图书销售表能够统计图书销售的品种、销售数量及其价值等信息。

(4) 留言内容数据表(bookstore.message)。

留言内容数据表是保存会员的留言信息和管理员回复信息的数据表。利用留言信息数据表会员可以发布信息,网站的管理员可以回复留言。利用留言内容数据表可以加强会员与网站的管理员之间的信息交流。

在实际应用中除了设计上述数据表外,为了管理的需要,还要设计其他数据表,在此就不详细说明了。

2. 数据表案例

以网络图书销售数据库模型 bookstore 为例,说明数据表的概念。

(1) 图书目录表。

表 3.1 的名称是图书目录表,文件名是 book。表 3.1 图书目录表由 3 条记录组成,图书编号字段的值不得重复,因此数据表中没有重复的记录。

表 3.1 图书目录表(文件名称:book)

图书编号	书名	出版社	数量	单价	…
ISBN7-115-12683-6/tp.4235	跟我学网页设计	人民邮电出版社	100	23	…
ISBN7-302-05701-x/tp.3361	网页编程技术	清华大学出版社	80	24	…
ISBN7-301-06342-3/tp.0731	数据库应用技术	北京大学出版社	110	25	…

表 3.2 图书目录表结构,参见表 3.1。图书编号字段是索引字段,它的值不重复。其他字段是普通字段。

表 3.2 图书目录表结构

序号	字段名	字段类型	序号	字段名	字段类型
1	图书编号	varchar(25)	6	图书类别	varchar(20)
2	书名	varchar(40)	7	作者	varchar(20)
3	出版社	varchar(40)	8	出版时间	datetime
4	数量	int(3)	9	主题词	varchar(20)
5	单价	int(3)	10	封面图片	varchar(25)

(2) 会员情况表。

表 3.3 是会员情况表,文件名是 member。表 3.3 由 4 条记录组成。数据表中电子邮箱不得重复,因此数据表中没有重复的记录。

表 3.3 会员情况表(文件名称:member)

会员电话	姓名	密码	住址	…
13501110001	张强	111111	学院路 1 号	…
13501110002	王天玉	222222	朝阳路 1 号	…
13501110003	李东胜	333333	海淀路 1 号	…
13501110004	张强	444444	东城路 1 号	…

表 3.4 会员情况表结构,参见表 3.3。电子邮箱字段是索引字段,它的值不能重复,其他字段是普通字段。

表 3.4 会员情况表结构

序号	字段名	字段类型	序号	字段名	字段类型
1	会员电话	varchar(11)	5	电子邮箱	varchar(20)
2	姓名	varchar(10)	6	银行名称	varchar(20)
3	密码	varchar(6)	7	银行卡号	varchar(20)
4	住址	varchar(40)	8	注册时间	datetime

(3) 图书销售表。

表 3.5 是图书销售表,文件名是 sales。表 3.5 由 4 条记录组成。

表 3.5　图书销售表(文件名称: sales)

订单号	图书编号	会员电话	数量	订购单价	…
190601001	ISBN7-115-12683-6/tp.4235	13501110001	2	23	…
190601001	ISBN7-301-06342-3/tp.0731	13501110001	1	25	…
190601002	ISBN7-115-12683-6/tp.4235	13501110003	3	23	…
190602001	ISBN7-301-06342-3/tp.0731	13501110003	2	25	…

参见表 3.5，设计表 3.6 图书销售表结构，其中订单号可以重复，表示同一个订单订了多类书。图书编号可以重复，表示同一本书可以被多个会员订购。会员电话可以重复，表示同一会员可以在不同时间发出多个订单。

表 3.6　图书销售表结构

序号	字段名	字段类型	序号	字段名	字段类型
1	订单号	varchar(11)	6	订购单价	int(3)
2	图书编号	varchar(25)	7	送货日期	datetime
3	会员电话	varchar(11)	8	送货人	varchar(10)
4	订购数量	int(3)	9	订单类别	varchar(10)
5	订单日期	datetime	10	订单状态	varchar(10)

(4) 留言内容表。

表 3.7 是留言内容表 message 的结构，会员电话记录发布留言信息的会员电话，一个会员可以发布多个留言。回复人姓名记录回复留言信息的网站管理员的姓名，一个回复人可以回复多个留言。留言状态分为保密和公开两个状态，保密表示留言的内容只能会员自己查阅，公开表示留言的内容所有会员都可以查阅。

表 3.7　留言内容表结构

序号	字段名	字段类型	序号	字段名	字段类型
1	会员电话	varchar(11)	5	回复人姓名	varchar(20)
2	留言标题	varchar(20)	6	回复内容	varchar(50)
3	留言内容	varchar(50)	7	回复时间	datetime
4	留言时间	datetime	8	留言状态	varchar(2)

(5) 数据表之间的关联。

图书目录表、会员情况表、图书销售表、留言表的记录存在以下关联关系：

① 图书目录表与图书销售表按照图书编号值相等的原则建立一对多的关联关系，表示一本书可以被多个会员订购。

② 会员情况表与图书销售表按照电子邮箱值相等的原则建立一对多的关联关系，表示一个会员可以发出多个订单。

③ 会员情况表与留言表按照会员电话值相等的原则建立一对多的关联关系，表示一个会员可以发出多个留言。

④ 图书目录表、会员情况表与图书销售表分别按照图书编号值相等、会员电话值相等的原则建立三个表的关联关系。

学习网络数据库技术务必要结合实例理解和掌握数据表、表结构、表记录、字段、字段名、字段值、普通字段、索引字段、数据表关联的概念。

提示：由于篇幅有限，表 3.1、表 3.3、表 3.5 只给出了部分数据。本书后续章节的案例也围绕这部分数据操作演示。

3.3 管理 MySQL 服务器的用户

为了保证数据库数据的安全，数据库必须由专人建立和管理，这就是 MySQL 服务器的用户。用户分为管理员用户和普通用户。安装完 MySQL 软件后，MySQL 服务器默认的管理员用户名是 root，具有最高操作权限。数据库管理员成功登录 MySQL 服务器后，可以创建普通用户并设置用户的权限。

3.3.1 登录 MySQL 服务器

系统管理员和普通用户能够登录到 MySQL 服务器完成数据管理工作。

【例 3.1】 以管理员"root"的身份登录 MySQL 服务器。

选择 Windows 桌面的"开始→所有程序→AppServ→MySQL Command Line Client"选项，出现图 3.2 所示的登录 MySQL 服务器窗口，输入正确的密码，屏幕出现"mysql＞"提示符，表示正确登录 MySQL 服务器。

提示：本章介绍的命令是在"mysql＞"提示符下输入的，除特殊约定外字母大写和小写均可，带下画线的部分是可以更改的参数，命令一行输入不完按回车键后可以继续输入，每条命令必须以分号";"结束，计算机才能显示结果。

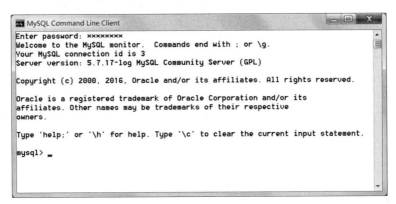

图 3.2 登录 MySQL 服务器

3.3.2 MySQL 服务器的用户管理

本节介绍 MySQL 管理员管理普通用户的操作方法。

1. 用户信息数据表

管理 MySQL 服务器的用户是指数据库管理员新增加用户、修改用户的密码和删除用户的操作。MySQL 服务器中有一个名称是 mysql 的数据库，其中 user 数据表文件是用于保存 MySQL 服务器用户信息的数据表文件。

2. 增加用户

用户是指能够登录到 MySQL 服务器的人员。管理员为每个用户设置登录服务器的名称、用户名、登录密码和操作权限。常见的操作权限如表 3.8 所示，权限值是"y"，表示具有这个权限；权限值是"空"，表示不具有这个权限。

表 3.8　用户信息表简要结构

字段名	说明	字段名	说明
host	服务器名称默认 localhost	delete_priv	删除记录的权限
user	管理员设置的用户名称	create_priv	建立数据库和数据表的权限
password	用户的登录密码	drop_priv	删除文件的权限
select_priv	查询记录的权限	index_priv	创建索引字段的权限
insert_priv	增加记录的权限	alter_priv	修改表结构的权限
update_priv	更新记录的权限	index_priv	管理索引的权限

增加用户的命令：

insert into mysql.user（host,user,password，select_priv,…）values
（〈服务器名称〉,〈用户名称〉,〈用户密码〉,〈操作权限〉,…）；

增加用户的命令中的参数是一一对应的，如果只有服务器名称、用户名称、用户密码而没有其他参数，表示新增加的用户没有对数据库和数据表操作的权限。

【例 3.2】　在"localhost"服务器增加用户名是"user1"，密码是"111111"的用户，拥有建立数据库和数据表的权限。

在图 3.3 所示的增加用户的窗口，输入命令增加用户，"localhost"表示服务器的名称；"user1"表示增加的用户名，password()是对初始密码"111111"加密的函数。create_priv 设置成为"y"表示具有建立数据库和数据表的权限。"flush privileges;"使得新增加的用户生效。

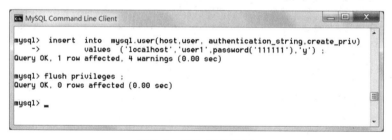

图 3.3　增加用户窗口

```
mysql> insert into mysql.user(host,user,password,create_priv)
    -> values ('localhost','user1',password('111111'),'y');
mysql> flush privileges ;
```

思考题：如何在"localhost"服务器增加用户名是"user2"，密码是"222222"的用户，并参照表 3.8 用户具有所有权限？

3. 修改用户权限

参照表 3.8 可以设置和修改用户的权限。修改用户权限的命令：

```
update mysql.user set 〈字段名称〉='y' where 〈条件表达式〉 ;
```

提示：本章出现的〈条件表达式〉由〈字段名〉、〈运算符〉和〈条件值〉组成。〈字段名〉来自数据表结构的列名称，〈运算符〉是＝、〉=、〈=、!=、〉、〈符号。〈条件值〉根据需要设置。

【例 3.3】 设置用户名是"user1"的用户具有增加、修改、删除记录的权限。

在图 3.4 所示的修改用户权限的窗口，输入命令修改用户权限。

```
mysql> use mysql
mysql>update mysql.user set insert_priv='y',update_priv='y',
    -> delete_priv='y'  where user='user1' ;
mysql> flush privileges ;
```

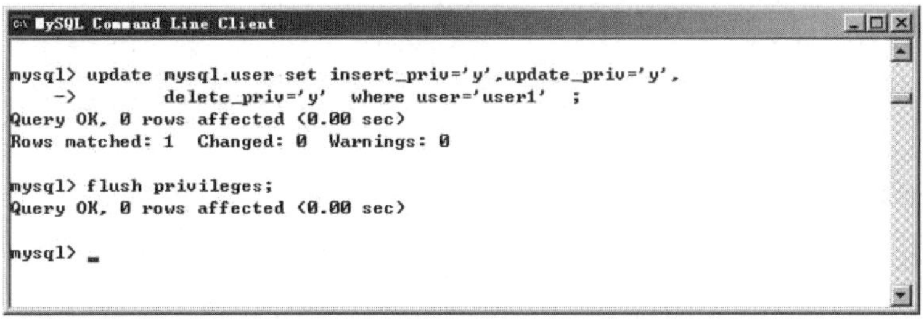

图 3.4 修改用户权限窗口

思考题：如何将用户名是"user2"的用户设置成不具备增加、修改、删除记录的权限？

【例 3.4】 将用户名是"user1"的密码设置成为"222222"，利用 password( )加密。

```
mysql> update mysql.user set password=password('222222')
    -> where user='user1' ;
mysql> flush privileges ;
```

思考题：如何将用户名是"user2"的密码设置成为"111111"？

4．删除用户

删除用户的命令：

delete from mysql.user where 〈条件表达式〉；

【例 3.5】 删除用户名是"user1"的用户。

在图 3.5 所示的删除用户的窗口，输入命令删除用户。

```
mysql> delete from mysql.user where  user='user1' ;
mysql> flush  privileges ;
```

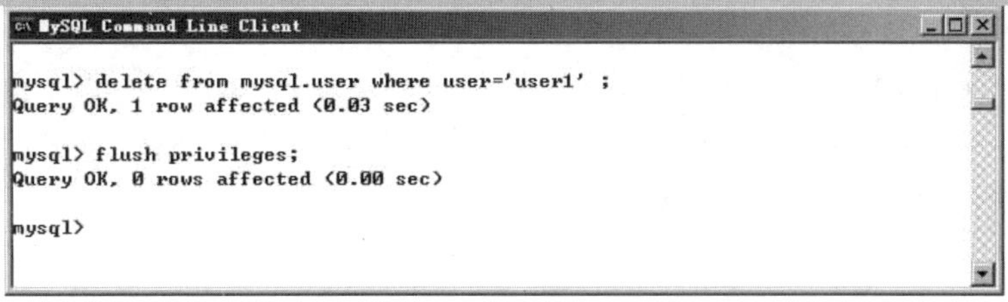

图 3.5 删除用户窗口

思考题：如何删除用户名是"user2"的用户？

3.4 管理 MySQL 数据

MySQL 数据的管理包括对数据库的管理和数据表的管理。对数据库的管理主要包括显示、建立、删除、打开数据库。对数据表的管理包括建立、显示、修改、删除、换名操作。实际操作时要明确对哪个数据库的哪个数据表文件操作、要明确做什么操作、要及时分析和验证操作的结果是否正确，这样才能掌握命令的使用。

3.4.1 管理 MySQL 数据库

1. 显示数据库

命令：show　databases；

输入显示数据库的命令，可以显示已经建立的数据库名称，出现图 3.6 所示的显示数据库名称窗口。

【例 3.6】 显示已经建立的数据库名称。

```
mysql> show　databases；
```

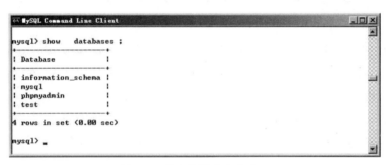

图 3.6　显示数据库名称窗口

图 3.6 所示的数据库是安装完 AppServ 软件后的初始状态，这些都是系统数据库，不得随意删除。其中 mysql 数据库是保存 MySQL 服务器用户信息的数据库。

2. 建立数据库

命令：create　database　〈数据库名称〉；

输入建立数据库的命令，可以建立数据库，出现图 3.7 所示地建立数据库窗口。

【例 3.7】 建立 bookstore 数据库。

```
mysql> create database bookstore　；
```

在图 3.7 所示的窗口，首先利用"create database bookstore;"命令建立了一个数据库，然后用"show databases;"命令显示数据库名称，说明成功建立了 bookstore 数据库。

思考题：如何建立教学管理数据库 jxgl？

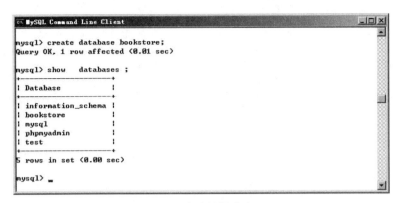

图 3.7　建立数据库窗口

3. 删除数据库

命令：drop　database　〈数据库名称〉；

输入删除数据库的命令可以删除数据库。

提示：删除数据库将删除数据库中的数据表，造成丢失数据，所以要慎重使用这个命令。

【例 3.8】　删除 bookstore 数据库。

```
mysql> drop  database  bookstore ;
```

思考题：如何删除 jxgl 数据库？

4. 打开数据库

命令：use　〈数据库名称〉；

输入打开数据库的命令，可以打开数据库。

【例 3.9】　打开 bookstore 数据库。

```
mysql> use  bookstore ;
```

思考题：如何打开 jxgl 数据库？

提示：对数据表的任何操作都需要先打开数据表所在的数据库。

3.4.2　管理 MySQL 数据表

数据表由数据表结构部分和记录部分组成。管理数据表是指管理数据表的结构部分。以本章表 3.4 会员情况表 member 为例说明管理数据表的方法。

1. 建立数据表

建立数据表要定义数据表文件名、字段名、字段类型、字段宽度、字段属性。

命令：create　table　〈数据表文件名〉（

　　〈字段名 1〉　　　〈字段类型〉〈字段属性〉，

　　　…　　　　　　　…　　　　…

　　〈字段名 n〉　　　〈字段类型〉〈字段属性〉，

　　）；

(1) 利用命令建立数据表文件。

【例 3.10】 在 bookstore 数据库中建立会员情况数据表 member 文件。

```
(1)    mysql> use  bookstore ;
(2)    mysql> create table  member (
(3)       ->      会员电话   varchar(11) not null primary key,
(4)       ->      姓名      varchar(10) not null ,
(5)       ->      密码      varchar(6)  not null ,
(6)       ->      住址      varchar(40) not null ,
(7)       ->      电子邮箱   varchar(20) not null ,
(8)       ->      银行名称   varchar(20) not null ,
(9)       ->      银行卡号   varchar(10) not null ,
(10)      ->      注册时间   datetime
(11)      ->   ) ;
```

提示：建立数据表的命令格式非常严谨，否则命令无法执行。第(3)~(9)行各行尾的","不能省略。注册时间是日期型数据，定义时不需要指定字段宽度。

提示：结合本章表 3.2、表 3.4、表 3.6 和表 3.7，利用批处理方式也可以建立数据表文件。

(2) 利用批处理方式建立数据表文件。

首先利用 Windows 系统的记事本实用程序建立一个定义数据表结构的文件，在这个文件中输入创建数据表结构的语句，然后利用 source 命令处理这个文件。

【例 3.11】 在 bookstore 数据库，建立图书目录数据表文件 book、会员情况数据表文件 member、图书销售情况数据表文件 sales、留言内容数据表文件 message 的结构，参见本章表 3.2、表 3.4、表 3.6 和表 3.7。

在 Windows 的桌面选择"开始"→"所有程序"→"附件"→"记事本"选项，利用记事本实用程序建立定义数据表结构的文件，如"d:/AppServ/www/mysql_create_table.sql"（文件扩展名必须是"sql"），在这个文件输入下列语句：

```
(1)    use  bookstore ;
(2)    drop  table if exists book;
(3)    drop  table if exists member;
(4)    drop  table if exists sales;
(5)    drop  table if exists message;
(6)    create  table    book (
(7)       图书编号   varchar(25)   not null primary key ,
(8)       书名      varchar(40)   not null ,
(9)       出版社    varchar(40)   not null ,
(10)      数量      int(3)        not null ,
(11)      单价      int(3)        not null ,
(12)      图书类别  varchar(20)   not null ,
(13)      作者      varchar(20)   not null ,
(14)      出版时间  datetime ,
(15)      主题词    varchar(20) ,
(16)      封面图片  varchar(25)
```

```
(17)    );
(18)    create  table   member (
(19)      会员电话    varchar(11)   not null primary key,
(20)      姓名       varchar(10)   not null,
(21)      密码       varchar(6)    not null,
(22)      住址       varchar(41)   not null,
(23)      电子邮箱    varchar(20)   not null,
(24)      银行名称    varchar(20)   not null,
(25)      银行卡号    varchar(10)   not null,
(26)      注册时间    datetime
(27)    );
(28)    create  table   sales (
(29)      订单号     varchar(11)   not null,
(30)      图书编号    varchar(25)   not null,
(31)      会员电话    varchar(11)   not null,
(32)      订购数量    int(3)        not null,
(33)      订单日期    datetime,
(34)      订购单价    int(3)        not null,
(35)      送货日期    datetime      not null,
(36)      送货人     varchar(10)   not null,
(37)      送货方式    varchar(10)   not null,
(38)      付款方式    varchar(10)
(39)    );
(40)    create  table   message (
(41)      会员电话    varchar(11)   not null,
(42)      留言标题    varchar(20),
(43)      留言内容    varchar(50),
(44)      留言时间    datetime,
(45)      回复人邮箱  varchar(20),
(46)      回复内容    varchar(50),
(47)      回复时间    datetime,
(48)      留言状态    varchar(2)
(49)    );
```

提示：第(2)~(5)条语句删除已经存在的数据表。第(6)~(17)条语句建立 book 数据表。第(18)~(27)条语句建立 member 数据表。第(28)~(39)条语句建立 sales 数据表。第(40)~(49)条语句建立 message 数据表。

在图 3.2 所示的窗口，输入下列命令即可以以批处理方式创建数据表文件：

```
mysql> source   d:/AppServ/www/mysql_create_table.sql;
```

如果要修改数据表的结构,只要修改"d:/AppServ/www/mysql_create_table.sql"文件的语句然后重新执行 source 语句就可以了。

2. 显示数据表文件名

命令：show tables ;

输入显示数据表文件的命令,出现图 3.8 所示显示数据表窗口。

【例 3.12】 显示 bookstore 数据库建立的数据表文件。

```
mysql> use  bookstore ;
mysql> show  tables ;
```

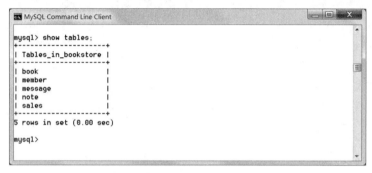

图 3.8 显示数据表窗口

3. 显示数据表结构

命令：describe 〈数据表文件名〉 ;

输入显示数据表结构的命令,出现图 3.9 所示的窗口。

【例 3.13】 显示 bookstore 数据库的 book,member,sales,message 数据表的结构。

```
mysql> use  bookstore ;
mysql> describe  book ;
mysql> describe  member ;
mysql> describe  sales ;
mysql> describe  message ;
```

图 3.9 所示为 book 数据表的结构。

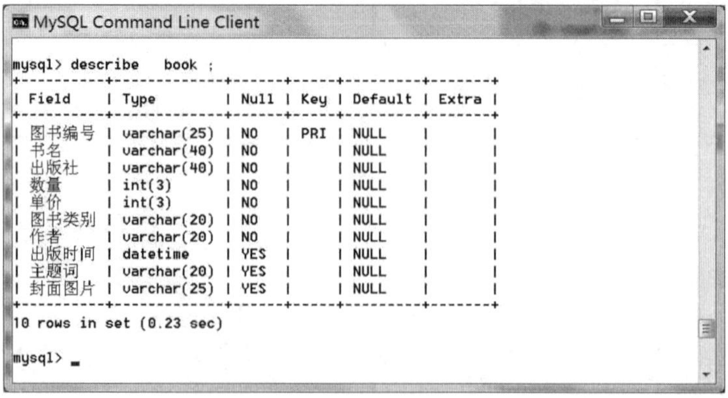

图 3.9 book 数据表的结构

图 3.10 所示为 member 数据表的结构。

```
mysql> describe member;
+----------+-------------+------+-----+---------+-------+
| Field    | Type        | Null | Key | Default | Extra |
+----------+-------------+------+-----+---------+-------+
| 会员电话 | varchar(11) | NO   | PRI | NULL    |       |
| 姓名     | varchar(10) | NO   |     | NULL    |       |
| 密码     | varchar(6)  | NO   |     | NULL    |       |
| 住址     | varchar(41) | NO   |     | NULL    |       |
| 电子邮箱 | varchar(20) | NO   |     | NULL    |       |
| 银行名称 | varchar(20) | NO   |     | NULL    |       |
| 银行卡号 | varchar(10) | NO   |     | NULL    |       |
| 注册时间 | datetime    | YES  |     | NULL    |       |
+----------+-------------+------+-----+---------+-------+
8 rows in set (0.21 sec)

mysql>
```

图 3.10 member 数据表的结构

图 3.11 所示为 sales 数据表的结构。

```
mysql> describe sales ;
+----------+-------------+------+-----+---------+-------+
| Field    | Type        | Null | Key | Default | Extra |
+----------+-------------+------+-----+---------+-------+
| 订单号   | varchar(11) | NO   |     | NULL    |       |
| 图书编号 | varchar(25) | NO   |     | NULL    |       |
| 会员电话 | varchar(11) | NO   |     | NULL    |       |
| 订购数量 | int(3)      | NO   |     | NULL    |       |
| 订单日期 | datetime    | YES  |     | NULL    |       |
| 订购单价 | int(3)      | NO   |     | NULL    |       |
| 送货日期 | datetime    | NO   |     | NULL    |       |
| 送货人   | varchar(10) | NO   |     | NULL    |       |
| 送货方式 | varchar(10) | NO   |     | NULL    |       |
| 付款方式 | varchar(10) | YES  |     | NULL    |       |
+----------+-------------+------+-----+---------+-------+
10 rows in set (0.00 sec)

mysql>
```

图 3.11 sales 数据表的结构

图 3.12 所示为 message 数据表的结构。

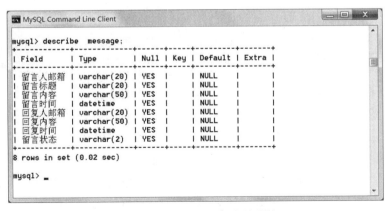

图 3.12 message 数据表的结构

4. 修改数据表

数据表建立完成后,可以增加、删除、修改数据表结构的字段名、字段类型。

(1) 修改字段的数据类型。

命令：alter　table　〈数据表名〉　change〈字段名〉　〈新字段名〉；

【例 3.14】 将 bookstore 数据库的 sales 数据表的"数量"字段改成 2 位整数。

```
mysql> alter  table  bookstore.sales  change 数量  数量 int(2) ;
```

提示：本例中 bookstore.sales 表示 bookstore 数据库的 sales 表，这样可以省略使用打开数据库的 use 语句。

(2) 增加字段。

命令：alter　table　〈数据表名〉　add　〈字段名〉　〈字段类型〉；

【例 3.15】 在 bookstore 数据库的 member 数据表增加"性别"字段，数据类型是 2 位字符。

```
mysql>use  bookstore
mysql> alter  table  member  add  性别   char(2) ;
```

思考题：如何在 bookstore 数据库的 member 数据表，增加"年龄"字段，数据类型是 3 位整数？

(3) 删除字段。

命令：alter　table　〈数据表名〉　drop　〈字段名〉；

【例 3.16】 删除 bookstore 数据库的 member 数据表的"性别"字段。

```
mysql> use  bookstore ;
mysql> alter  table  member  drop  性别   ;
```

5. 删除数据表文件

命令：drop　table　〈数据表名〉　；

输入删除数据表文件的命令，可以删除数据表文件。

【例 3.17】 删除 bookstore 数据库的 member 数据表文件。

```
mysql> use  bookstore  ;
mysql> drop  table  member  ;
```

提示：删除数据表将造成数据的丢失，应慎重使用此命令。

6. 数据表换名

命令：rename　table　〈数据表文件名〉　to　〈新数据表文件名〉；

输入数据表文件的换名命令，可以将数据表文件换名。

【例 3.18】 将 bookstore 数据库的 member 数据表文件名字换成"member_tmp"。

```
mysql> use  bookstore ;
mysql> rename  table  member  to  member_tmp;
```

3.4.3 管理数据表的记录

1. 增加记录

(1) 利用命令方式增加记录。

命令：insert into〈数据表名〉(〈字段名表〉) values (〈字段值表〉);

提示：〈字段名表〉是数据表字段的名称列表，字段之间用逗号分开。〈字段值表〉是与字段名表中对应的字段的取值。如果字段是字符类型，字段的值要用引号(')引起来；如果字段为数值类型，字段的值不需要引号引起来；如果字段是日期类型，字段值的输入格式是'yyyy-mm-dd'(即年月日的形式)，同时必须用引号引起来；如果字段是日期时间类型，那么字段值的输入格式是'yyyy-mm-dd hh:mm:ss'(即年月日时分秒的形式)，同时必须用引号引起来。

【例 3.19】 增加 bookstore 数据库 member 数据表的记录。

```
mysql-> use bookstore ;
    -> insert into member (会员电话,姓名,密码,住址)
    ->      values ('13501110001','张强','111111','学院路1号');
```

思考题：如何增加图书目录表 book 的记录？

提示：这里介绍的增加记录方法对于加入大量的数据来说比较麻烦。实际应用时，可以设计网页程序，利用网页页面输入数据表的数据项，将记录保存到数据表中。

(2) 利用批处理方式增加记录。

【例 3.20】 在 bookstore 数据库，参见表 3.1、表 3.3 和表 3.5，输入并显示图书目录数据表 book、会员情况数据表 member、图书销售情况数据表 sales 的记录。

在 Windows 的桌面选择"开始"→"所有程序"→"附件"→"记事本"选项，利用记事本实用程序建立增加数据表记录的文件，如"d:/AppServ/www/mysql_insert_table.sql"(文件扩展名必须是"sql")，在这个文件中输入下列语句：

```
(1)  use  bookstore ;
(2)  delete from  book ;
(3)  delete from  member ;
(4)  delete from  sales ;
(5)  insert into book (图书编号,书名,出版社,数量,单价) values
(6)      ('ISBN7-115-12683-6/tp.4235','跟我学网页设计','人民邮电出版社',100,23);
(7)  insert into book (图书编号,书名,出版社,数量,单价) values
(8)      ('ISBN7-302-05701-x/tp.3361','网页编程技术','清华大学出版社',80,24);
(9)  insert into book (图书编号,书名,出版社,数量,单价) values
(10)     ('ISBN7-301-06342-3/tp.0731','数据库应用技术','北京大学出版社',110,25);
(11) insert into    member (会员电话,姓名,密码,住址,注册时间) values
(12)     ('13501110001','张强','111111','学院路1号','2019-07-21');
(13) insert into    member (会员电话,姓名,密码,住址,注册时间) values
(14)     ('13501110002','王天玉','222222','朝阳路1号','2019-07-21');
```

```
(15)    insert into    member  (会员电话,姓名,密码,住址,注册时间) values
(16)       ('13501110003','李东胜','333333','海淀路1号','2019-07-21');
(17)    insert into    member  (会员电话,姓名,密码,住址,注册时间) values
(18)       ('13501110004','张强','444444','东城路1号','2019-07-21');
(19)    insert into sales (订单号,图书编号,会员电话,订购数量,订购单价,订单日期) values
(20)       ('190521001','ISBN7-115-12683-6/tp.4235','13501110001',2,23,'2019-07-21 10:00');
(21)    insert into sales (订单号,图书编号,会员电话,订购数量,订购单价,订单日期) values
(22)       ('190521001','ISBN7-301-06342-3/tp.0731','13501110001',1,25,'2019-07-21 11:00');
(23)    insert into sales (订单号,图书编号,会员电话,订购数量,订购单价,订单日期) values
(24)       ('190521002','ISBN7-115-12683-6/tp.4235','13501110003',3,23,'2019-07-21 12:00');
(25)    insert into sales (订单号,图书编号,会员电话,订购数量,订购单价,订单日期) values
(26)       ('190522001','ISBN7-301-06342-3/tp.0731','13501110003',2,25,'2019-07-22 10:00');
```

提示：第(2)～(4)条语句删除已经存在的数据表记录。第(5)～(10)条语句增加 book 数据表的记录。第(11)～(18)条语句增加 member 数据表的记录。第(19)～(26)条语句增加 sales 数据表的记录。

在图 3.2 所示的窗口，输入下列命令在数据表中增加记录：

```
mysql> source   d:/AppServ/www/mysql_insert_table.sql ;
```

在图 3.2 所示的窗口，输入下列命令显示数据表中的记录：

```
mysql> select * from  book ;
mysql> select * from  member ;
mysql> select * from  sales ;
```

图 3.13 所示显示 book 数据表的记录，图 3.14 所示显示 member 数据表的记录，图 3.15 所示显示 sales 数据表的记录。

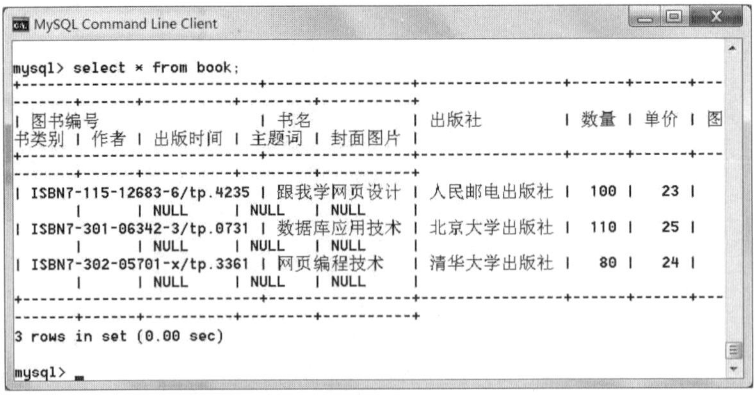

图 3.13 显示 book 数据表的记录

图 3.14　显示 member 数据表的记录

图 3.15　显示 sales 数据表的记录

提示：图 3.13、图 3.14、图 3.15 由于表格宽度超过屏幕显示宽度，所以显示数据出现折行现象。

2. 删除记录

命令：delete from 〈数据表文件名〉[where 〈条件表达式〉]；

删除指定〈数据表文件名〉的所有记录或符合〈条件表达式〉的记录。

【例 3.21】　删除 bookstore 数据库 member 数据表的所有记录。

```
mysql> use bookstore;
mysql> delete from member;
```

思考题：如何删除 bookstore 数据库 book,sales 数据表的所有记录？

【例 3.22】　删除 bookstore 数据库 member 数据表姓名是"张强"的记录。

```
mysql> use bookstore;
mysql> delete from member where 姓名='张强';
```

提示：删除记录将导致数据丢失，应当慎重使用这个命令。

3. 修改记录

命令：update〈数据表文件名〉set〈字段名〉=〈字段值〉[where〈条件表达式〉]；

有条件地修改指定〈数据表文件名〉的指定〈字段名〉的字段值。

【例 3.23】 将 bookstore 数据库 member 数据表姓名是"李东胜"的密码设置成为"000000"。

```
mysql> use bookstore；
mysql> update member set 密码='000000' where 姓名='李东胜'；
```

思考题：如何将 bookstore 数据库 member 数据表所有记录的密码设置成为"111111"？

3.4.4 查询数据表的记录

1. 数据查询概述

查询数据表的记录是针对数据表中存在的数据，提出查询要求，设计查询语句，得到查询结果的操作。在实际应用中，查询要求既有简单的处理、也有复杂的处理。用户提出的查询要求可能很随意，但是作为数据处理来说，得到查询要求后需要考虑以下三个要素的问题：

(1) 要明确查询要求涉及哪个或哪几个数据表文件；

(2) 要明确查询的结果是哪些数据项，在实际应用时，有些查询要求对查询结果项的表述非常明确，有些表述比较模糊，因此要仔细分析查询的结果项；

(3) 要用规范的语句写出查询条件表达式。

下面以网络图书销售数据库模型为例，说明设计查询程序重点考虑的问题。

例如，显示会员姓名是"张强"的会员电话和住址。这个案例涉及对会员情况表 member 的处理，查询的结果是得到会员姓名、身份证号和住址数据。查询条件表达式是姓名="张强"。

同理，想知道姓名是"李四"的作者，出过哪些书、书名是什么？这个案例涉及对图书目录表 book 的处理，查询的结果是得到书名、作者和出版社的信息。查询条件表达式是作者="李四"。

再如，想得到注册会员人数的信息。这个案例涉及对会员情况表 member 的处理，由于数据表的 1 行就是 1 个会员的信息，所以统计注册会员的人数，就是得到数据表记录的行数。上述应用都是对一个数据表的处理，所以，查询程序的算法比较简单。

有些查询需要对多个数据表进行处理。例如，查询会员姓名是"张强"的会员电话、订单号、所订图书的书名、出版社。这个案例涉及对会员情况表 member、图书销售表 sales 和图书目录表 book 的处理。查询的结果是得到会员姓名、会员电话、订单号、书名、出版社的数据。查询条件表达式是姓名="张强" and member.会员电话=sales.会员电话 and sales.图书编号=book.图书编号。

多个数据表的处理涉及数据表的关联技术，应当正确写出数据表关联的表达式。

2. select 命令格式

利用 select 语句可以查询数据表中的记录。select 语句的格式：

select 〈字段名表〉 from 〈数据表名称〉
　　　[where 〈条件表达式〉]

　　　　［order　by　〈字段〉　［〈asc〉|〈desc〉］］

从〈数据表名称〉中得到符合〈条件表达式〉要求的记录,只显示〈字段名表〉中的字段。

参数说明:

〈数据表名称〉指定要查询的数据表名称。

〈字段名表〉指定得到数据表的哪些字段。"*"表示所有字段。

［where　〈条件表达式〉］:多表数据操作时数据表连接的条件或查询条件。

［order　by　〈字段〉　［〈asc〉|〈desc〉］］:指定输出记录的排列次序,默认是升序。

3. 单表数据查询

【例3.24】　查询bookstore数据库member数据表的所有记录。

```
mysql> use  bookstore ;
mysql>select  *   from  member ;
```

思考题:如何得到bookstore数据库book,sales数据表的所有记录?

【例3.25】　查询bookstore数据库member数据表所有记录的姓名和会员电话。

```
mysql> use  bookstore ;
mysql> select  姓名,会员电话  from member;
```

思考题:如何查询bookstore数据库book数据表所有记录的图书编号、书名、出版社、数量的信息?

【例3.26】　查询bookstore数据库member数据表姓名是"张强"的姓名和会员电话的信息。

```
mysql> use bookstore ;
mysql> select  姓名,会员电话  from  member  where 姓名='张强';
```

图3.16显示member数据表的部分记录,姓名是"张强"的记录重名。

```
select  姓名,会员电话  from  member  where 姓名='张强';
```

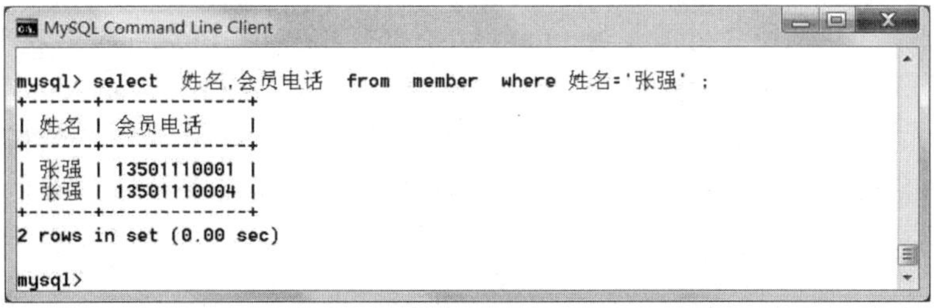

图 3.16　显示 member 数据表的部分记录

【例3.27】　查询bookstore数据库member数据表会员姓名和会员电话的信息。记录按照姓名排序。

```
mysql> use  bookstore ;
mysql> select  姓名,会员电话  from  member  order by  姓名;
```

45

图 3.17 显示 member 数据表按照姓名排序记录。

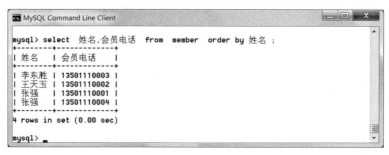

图 3.17　显示 member 数据表的排序记录

思考题：如何将 bookstore 数据库 book 数据表按照书名排序？

4．多表数据查询

多表数据查询是指将两个或两个以上的数据表，按照字段值相等的原则建立关联关系形成的新数据集合。利用本章的命令可以加工新的数据集合。根据本章介绍的数据库模型的知识，可以有以下数据关系：

（1）图书销售表 sales 和会员情况表 member 关联。

在图书销售表 sales 和会员情况表 member 中都有"会员电话"字段，可以按照"会员电话"字段值相等的原则建立关联关系，形成新的数据集合，新的数据集合包括 sales 数据表和 member 数据表的所有字段名。

```
select * from sales,member where sales.会员电话= member.会员电话；
```

（2）图书销售表 sales 和图书目录表 book 关联。

在图书销售表 sales 和图书目录表 book 中都有"图书编号"字段，可以按照"图书编号"字段值相等的原则建立关联关系，形成新的数据集合，新的数据集合包括 sales 数据表和 book 数据表的所有字段名。

```
select * from sales,book where sales.图书编号= book.图书编号；
```

（3）图书销售表 sales、会员情况表 member 和图书目录表 book 关联。

在图书销售表 sales 和会员情况表 member 中都有"会员电话"字段，可以按照"会员电话"字段值相等的原则建立关联关系，同时，在图书销售表 sales 和图书目录表 book 中都有"图书编号"字段，可以按照"图书编号"字段值相等的原则建立关联关系，形成新的数据集合，新的数据集合包括 book 数据表、sales 数据表和 member 数据表的所有字段名。

```
select * from sales,book,member
  where sales.会员电话= member.会员电话 and sales.图书编号= book.图书编号；
```

【例 3.28】　查询 bookstore 数据库 sales 数据表中所订书的订单号、书名、出版社、订购数量、订单日期的信息。

```
mysql> use bookstore；
mysql> select 订单号,书名,出版社,订购数量,订单日期 from sales,book
    ->       where sales.图书编号= book.图书编号；
```

图 3.18 所示的窗口显示 book 和 sales 数据表关联的记录。

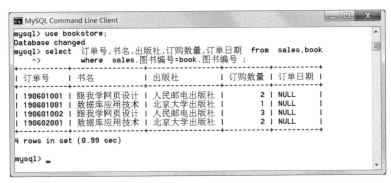

图 3.18　显示 book 和 sales 数据表关联的记录

【例 3.29】　查询 bookstore 数据库 member 数据表姓名是"张强"的记录的电子邮箱、姓名以及在 sales 数据表中所订书的图书编号、订购数量、订单日期的信息。

提示：由于 sales，member 两个数据表都有会员电话字段，所以语句中必须指明是哪个表的会员电话，可以表示为 sales.会员电话或 book.会员电话

```
mysql> use bookstore ;
mysql> select member.会员电话,姓名,图书编号,订购数量 from sales,member
    -> where sales.会员电话= member.会员电话 and 姓名='张强';
```

图 3.19 所示的窗口显示 member 和 sales 数据表关联的记录。

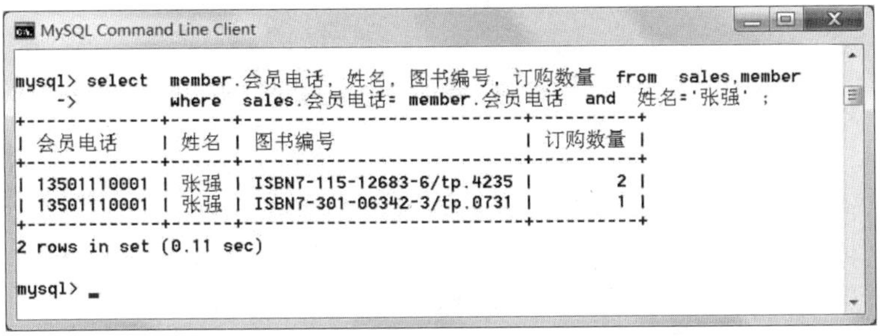

图 3.19　显示 member 和 sales 数据表关联的记录

【例 3.30】　查询订书人的会员电话、姓名、书名、单价、订购数量、订购金额的信息。

```
mysql> use bookstore ;
mysql> select sales.会员电话,姓名,书名,单价,订购数量,(单价* 订购数量)
    -> from sales,book,member
    -> where sales.图书编号= book.图书编号 and
    -> sales.会员电话= member.会员电话 order by 姓名;
```

图 3.20 所示的窗口显示 sales，book 和 member 数据表关联的记录。

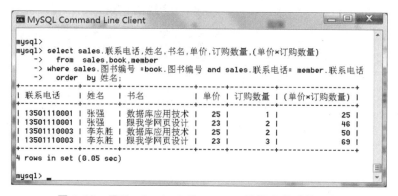

图 3.20　显示 sales,book 和 member 数据表关联的记录

5. 通配符

通配符用于做字符串的加工,"％"匹配所有字符,"_"匹配一个字符。

【例 3.31】　查询 bookstore 数据库 member 数据表姓"江"的身份证号、姓名的信息。

```
mysql>select 姓名,会员电话 from member where 姓名 like '江%';
```

【例 3.32】　查询 bookstore 数据库 member 数据表除了姓"江"的人员以外的人的姓名、会员电话的信息。

```
mysql>select 姓名,会员电话 from member where 姓名 not like '江%';
```

提示:like 是通配操作符。例如:'江％'表示姓名中第一个字是"江"字,'％江％'表示姓名有"江"字,like 前加"not"表示非操作,即"除……之外"的意思。

【例 3.33】　查询 bookstore 数据库 member 数据表张强、李东胜的姓名和会员电话的信息。

```
mysql>use bookstore;
    ->select 姓名,会员电话 from member
    ->     where 姓名 in ('张强','李东胜')  ;
```

【例 3.34】　查询 bookstore 数据库 member 数据表除张强、李东胜之外的姓名和会员电话的信息。

```
mysql>use bookstore;
    ->select 姓名、会员电话 from member
    ->     where 姓名 not in ('张强','李东胜')  ;
```

6. 函数

数据表的记录可以统计记录的个数、对指定的字段求和、计算平均值、计算最大值和最小值。

count([distinct|all] *):统计记录个数。

sum([distinct|all]〈字段名〉):对指定的〈字段名〉按字段名求和。

avg([distinct|all]〈字段名〉):对指定的〈字段名〉按字段名计算平均值。

max([distinct|all]〈字段名〉)：对指定的〈字段名〉按字段名计算最大值。
min([distinct|all]〈字段名〉)：对指定的〈字段名〉按字段名计算最小值。
提示：distinct：表示取消字段值重复的记录。

【例 3.35】 分别统计注册的会员人数和姓"江"的会员人数。

提示：由于会员情况表 member 每一个会员电话不同，因此一条记录表示一个会员，所以要统计注册的会员人数，只要统计会员情况表的记录数就可以了。

```
mysql>select  count (*)  from member ;
mysql>select  count (*)  from member  where 姓名 like '江%';
```

思考题：如何统计图书目录表 book 的图书种类？

【例 3.36】 统计图书目录表 book 的图书占用资金数。

```
mysql>select  书名,数量,单价,数量*单价  from  book ;
```

图 3.21 所示的窗口显示图书目录表金额。

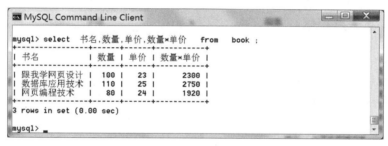

图 3.21 显示图书目录表金额

思 考 题

1. 说明数据项、数据表、数据库、数据库服务器的联系是什么。
2. 说明 MySQL 数据库模型的构成。
3. 如何增加、删除 MySQL 服务器的用户？
4. 如何设置用户的权限？可以设置哪些用户权限？
5. 建立、删除、显示和打开数据库的命令是什么？
6. 建立、删除、显示和换名数据表的命令是什么？
7. 增加、删除、修改数据表记录的命令是什么？
8. 查询数据表要明确哪些要素？数据表如何关联？
9. 完成本章对数据表记录操作的例题。
10. 以教学管理为案例，设计教学管理的数据库模型。完成学生情况管理、课程管理和学生成绩管理。

第四章　HTML 语言概述

互联网络的信息是通过执行网页程序，以网页页面的方式提供给浏览者浏览的。要想在网络上发布信息，需要设计网页程序。利用超文本标记语言（HTML）能够设计网页程序。

本章介绍利用 HTML 语言设计网页程序的方法。包括以下内容：

➢ 网页程序的基本结构，说明设计网页程序的规范。
➢ HTML 标签的使用，说明标签的格式规范。

学习本章应当掌握利用 HTML 标签设计和调试网页程序的方法。

4.1　网页程序的基本结构

4.1.1　网页程序概述

1. 网页页面

网页页面是浏览者在浏览器的地址栏输入网页程序所在网站的 IP 地址或域名地址后，计算机屏幕上显示的结果。网页页面能够显示文字、图片、声音、动画、表格、输入数据的区域等内容。

2. 网页程序

网页程序是为了加工信息而设计的算法，网页程序是由一些标签语句、字母和文字组成的计算机文件。根据网页程序的处理职能，网页程序有不同的类型，常见的网页程序类型有 html,asp,jsp 和 php 类型，html 类型的网页程序以显示和接收信息为主，浏览者浏览 html 类型的网页程序时，网页程序下载到客户端供浏览者浏览，所以也称作静态网页程序。asp,jsp 和 php 类型的网页程序以加工信息为主，浏览者浏览 asp,jsp 和 php 类型的网页程序时，网页程序在服务器端运行，所以也称作动态网页程序。

网站都有一个主页程序，文件名是 index，文件类型可以是 html,php 或 asp。网站主页程序能够超级链接到其他网页程序，形成了逐级调用、逐级返回的页面框架关系。

设计网页程序需要遵守 HTML 的规范，HTML 提供的语句规范有不同版本，其中 HTML5 规范编写的网页程序，需要在高版本的浏览器才能浏览，所以，本书介绍 HTML 的通用规范。

为了有效地管理网页程序文件，需要把网页程序保存到网站服务器指定的文件夹，这个文件夹称作站点。本书的网站服务器站点是"d:/AppServ/www/"，所以网页程序文件保存到"d:/AppServ/www/"文件夹。按照第二章介绍的内容，计算机安装 AppServ 软件后，在 IE 浏览器的地址栏输入"http://127.0.0.1/〈网页程序文件名〉"，浏览者能够浏览网页页面的内容。

3. 编写网页程序的方法

利用文字编辑软件（如记事本、Word 软件等）可以建立和编辑网页程序文件，也可以利用专用的（如 Dreamweaver 软件等）网页设计软件设计网页程序。设计网页程序必须要了解书写标签语句的规范。

本章介绍采用书写 HTML 标签语句的方法设计网页程序文件的过程,这种编写网页程序的方法,要求程序员熟练掌握 HTML 语言标签语句的格式规范,才能设计出网页程序。尽管利用这种方法设计网页程序文件比较烦琐,但是由于这种方法能够设计出个性化较强的页面,因此很多程序设计人员仍然用这种方法设计网页程序。

本书第五章介绍采用可视化的方法设计网页程序的过程,这种设计网页程序的方法利用"所见即所得"的方式设计网页程序,能够自动产生网页程序的标签语句,提高了设计网页程序的效率。

4. 设计网页程序需要考虑的问题

(1) 网页应用的场景。

网页应用的场景包括新闻类、娱乐类、政务类、商务类、教育类等不同的场景,各场景采用的主题、布局、色彩、风格有很大差异。

(2) 网页页面尺寸。

目前网页程序主要在台式机、笔记本、手机、移动设备上显示信息,屏幕的显示范围大小有很大不同,要综合考虑页面的布局,要避免同一个页面因在不同设备上浏览而导致出现折行、空白、乱码的问题。

(3) 网页的页面布局。

"国"字型:最上面是网站的标题以及横幅广告条,接下来就是网站的主要内容,左右分列一些两小条内容,中间是主要部分,与左右一起罗列到底,最下面是网站的一些基本信息、联系方式、版权声明等。

拐角型:上面是标题及广告横幅,接下来的左侧是一窄列链接等,右列是很宽的正文,下面也是一些网站的辅助信息。

标题正文型:这种类型即最上面是标题,下面是正文,比如一些文章页面。

左右框架型:左右为分别两页的框架结构,一般左面是导航链接,右面是正文。这种类型结构非常清晰,一目了然。

综合框架型:上面两种结构的结合,相对复杂的一种框架结构,较为常见的是类似于"拐角型"结构的,只是采用了框架结构。

封面型:这种类型基本上是出现在一些网站的首页,大部分为一些精美的平面设计结合一些小的动画,放上几个简单的链接或者仅是一个"进入"的链接甚至直接在首页的图片上做链接而没有任何提示。

4.1.2 网页程序的框架

1. 网页程序的框架

网页程序的简单框架如下:

```
(1)    〈! doctype html〉
(2)    〈html〉
(3)    〈head〉
(4)        〈meta charset= "utf- 8"〉
(5)        〈title〉无标题文档〈/title〉
(6)        标签语句或脚本语句
```

```
    (7)    </head>
    (8)    <body>
    (9)        标签语句或脚本语句
    (10)   </body>
    (11)  </html>
```

说明：语句(1)表示网页采用 HTML5 语句规范编码。

设计网页程序主要设计网页页面的<head>部分和网页页面的<body>部分,各部分可以包括若干标签语句或脚本语句。html 类型的网页程序只能有标签语句。php 类型的网页程序可以有标签语句,也可以有脚本语句。

2. 标签语句

这里<html>、<head>、<body>称作网页程序的标签语句,标签一般由开始标签(如<html>)和结束标签(如</html>)配对出现。有些标签(如<hr>、
)只有开始标签,没有结束标签。开始标签和结束标签之间可以设计新的标签。利用标签设计网页程序要遵循标签语句的书写规则。

3. 脚本语句

脚本语句必须写在<?...?>脚本语句块中,本书第六章介绍 PHP 脚本语句的书写规范。

4.2 HTML 的基本标签

本章介绍的标签语句格式的约定：标签中下划线部分是可以修改的参数,除特殊说明外,标签语句格式中"♯"表示需要设置一个指定的输入值。"[ ]"表示可选择项。"|"表示从给定的选项任选其中一项。align=♯ 设置对齐方式,♯=left(左对齐)、right(右对齐)、center(居中)、justify(分散)。color=♯ 设置颜色,可以用英文单词,如 white,red,blue 等表示,也可以用十六进制数表示,即用"♯"与 6 位十六进制数的组合表示颜色,每种颜色用 2 位十六进制数表示,从"00"到"FF"。例如"♯7CA688"表示一种颜色,其中 7C 表示红颜色的色度,A6 表示绿颜色的色度,88 表示蓝颜色的色度。采用可视化方法设计网页程序,可以从屏幕的调色板选择需要设置的颜色,计算机自动把所选择颜色的数值填写到标签语句。

4.2.1 注释标签

为了增强网页程序的可读性,可以在网页程序中加入注释标签,注释标签起到解释和说明的作用。注释标签的语句格式是：

<!-- 注释的内容 -->

4.2.2 <html>标签

<html>和</html>是网页程序的开始标签和结束标签,分别表示网页程序的开始和网页程序的结束,语句格式是：

〈html〉
　　　　网页程序的其他标签
〈/html〉

4.2.3 〈head〉标签

〈head〉和〈/head〉是网页程序的标题栏开始标签和标题栏结束标签,用于设计网页页面的标题栏。在〈head〉标签中可以出现〈title〉和〈meta〉标签。

〈head〉
　　〈title〉网页页面的标题〈/title〉
　　〈meta〉…〈/meta〉
〈/head〉

1. 〈title〉标签

〈title〉标签用来设置网页页面的标题栏提示。

2. 〈meta〉标签

〈meta〉标签用来设置网页语言字符集、网页程序作者信息、文档的期限信息、网页页面刷新等内容。例如,下列语句表示网页页面显示的字符采用 utf-8 字符编码方案。

```
〈meta http-equiv= "Content-Type" content= "text/html; charset= utf-8" /〉
```

再如,下列语句表示网页页面显示的字符采用 GB2312 字符编码方案。

```
〈meta http-equiv= "Content-Type" content= "text/html; charset= GB2312" /〉
```

再如:

```
〈meta http-equiv= "Refresh" contect= "5;url= index.php"〉
```

表示 5 秒后,网页页面自动跳转到 index.php 网页页面。

4.2.4 〈body〉标签

〈body〉和〈/body〉是网页程序的页面开始标签和页面结束标签。页面标签设计的内容出现在网页页面,网页页面可以出现背景图片、背景颜色、标题文字、页面文字、超级链接、图片、音乐、动画、表格、输入数据的表单元素等,语句格式是:

〈body　[bgcolor=#|text=#|background=图片文件名]〉
　　　　网页页面的其他标签
〈/body〉

其中,bgcolor 设置网页页面的背景颜色;background 设置一个平铺在网页页面的图片文件名。

4.2.5 文字标签

文字是指出现在网页页面上的文字,利用文字标签可以设置文字的大小、颜色、对齐方式等,文字分成标题文字和页面文字两类。

1. 标题文字标签

〈h〉和〈/h〉是设置标题文字的标签,可以设置标题字号、对齐方式等属性,语句格式是:

〈h♯ align=♯〉　　标题文字〈/h♯〉

其中,♯设置标题文字成为 1/2/3/4/5/6 号字。align 设置标题文字的对齐方式成为 left/center/right。默认文字颜色是黑色,左对齐方式。

例如:设置 2 号、居中字,显示"欢迎访问网络图书销售信息管理系统"。

```
〈h2 align="center"〉欢迎访问网络图书销售信息管理系统〈/h2〉
```

2. 网页页面文字标签

〈font〉和〈/font〉是设置网页页面文字的标签,可以设置文字的字号、颜色等属性,语句格式是:

〈font size=♯　color=♯〉　　网页文字　〈/font〉

其中,size 设置页面文字的字号,可以设置±1/2/3/4/5/6/7 号字,默认是 3 号字;color 设置文字的颜色,默认文字颜色是黑色,对齐方式是左对齐。

例如:设置 3 号、红字,显示"欢迎访问网络图书销售信息管理系统"。

```
〈font  size="3"  color="red"〉欢迎访问网络图书销售信息管理系统〈/font〉
```

例如:设置居中、3 号、红字,显示"欢迎访问网络图书销售信息管理系统"。

```
格式 1:〈font color="#FF0000"〉
        〈h3 align="center"〉欢迎访问网络图书销售信息管理系统〈/h3〉
    〈/font〉
格式 2:〈h3 align="center"〉
        〈font color="red"〉欢迎访问网络图书销售信息管理系统〈/font〉
    〈/h3〉
```

【例 4.1】　设计 e4_1.html 网页程序文件,设计要求如下:

(1) 设置网页页面的背景颜色为♯99FFCC。

(2) 在网页页面的标题栏显示"网络图书销售信息管理系统"。

(3) 在网页页面显示居中、3 号、红字"欢迎访问网络图书销售信息管理系统"。

得到如图 4.1 所示的网页程序的浏览结果。

图 4.1　例 4.1 网页程序的浏览结果

e4_1.html 网页程序的语句如下:

```
(1)    <! doctype html>
(2)    <html>
(3)    <head>
(4)    <meta charset= "utf-8">
(5)    <title>网络图书销售信息管理系统</title>
(6)    </head>
(7)    <! --注释:网页页面加入标题和背景颜色 -->
(8)    <body bgcolor= # 99FFCC>
(9)      <font color= "red">
(10)       <h3 align= "center">欢迎访问网络图书销售信息管理系统</h3>
(11)      </font>
(12)   </body>
(13)   </html>
```

例题分析:例 4.1 第(5)条语句设置网页页面的标题栏。第(7)条语句是注释标签。第(8)条语句设置网页页面的背景颜色。第(9)~(11)条语句设置网页页面出现红色居中的文字。

3. 文字修饰标签

文字修饰标签能够设置在网页页面上出现的文字成为斜体、粗体和加下划线的修饰效果,语句格式是:

<i> 字符 </i>:设置指定的文字成为斜体字。
<u> 字符 </u>:设置指定的文字成为下画线字。
<b> 字符 </b>:设置指定的文字成为粗体字。

例如:设置斜体、居中、3 号、红字,显示"欢迎浏览本站"。

```
<font color= "red"><h3 align= "center"><i>欢迎浏览本站</i><h3></font>
```

4.2.6 图片标签

<img>和</img>是设置图片的标签。利用图片标签可以在网页的页面设计出现图片,语句格式是:

<img src=图片文件名 alt=图片说明 border= #　height= #　width= #>

其中,src 设置出现在网页页面的图片文件名;alt 设置图片的说明文字;border 设置图片的边框,默认设置是无边框;height 设置图片的高度;width 设置图片的宽度(以像素为单位)。

4.2.7 滚动文字标签

<marquee>和</marquee>是设置滚动文字的标签。滚动文字标签能够在网页页面上出现滚动文字的效果,语句格式是:

<marquee　direction= #　behavior= #　loop= #　bgcolor= #　>滚动文字</marquee>

其中,direction 设置文字的滚动方向,可以设置成为向 left(左侧)、right(右侧)、up(向

上)、down(向下)滚动;behavior 设置文字的滚动方式,可以设置成为 scroll(转圈)、slide(单次)、alternate(往返)滚动方式;loop 设置滚动的次数;bgcolor 设置滚动文字的背景颜色;height,width 设置滚动文字的滚动区域;onmouseover=this.stop()设置当鼠标在滚动文字上时文字停止滚动;onmouseout=this.start()设置当鼠标不在滚动文字上时文字开始滚动。

利用〈marquee〉标签可以设计出现滚动的图片效果,例如:

```
〈marquee onmouseover="this.stop();" onmouseout="this.start();"〉
    〈img src="logo.jpg" width="100" height="100" /〉 〈/marquee〉
```

表示网页页面出现滚动的 logo.jpg 图片文件,当鼠标移动到图片上时图片停止滚动,当鼠标离开图片时,图片开始滚动。

思考题:如何让四张图片依次向左侧滚动。

4.2.8 段落和换行标签

1. 段落标签

〈p〉和〈/p〉是段落标签。设计网页页面出现的文字时,设计者不必关心每行文字的字符个数,浏览器软件会根据窗口的宽度自动折行显示文字。根据需要可以在文字的适当位置加上段落标签强行将文字分段,语句格式是:

〈p〉　段落文字〈/p〉

2. 换行标签

〈br〉是换行标签,利用换行标签可以换行显示网页页面的文字。

例如,如果要在网页页面中出现 3 个换行,可以这样表示〈br〉〈br〉〈br〉。

4.2.9 水平修饰线标签

为了美化网页页面,使网页页面具有层次效果,可以利用〈hr〉标签在网页页面上加入一条水平修饰线。〈hr〉是水平修饰线标签,语句格式是:

〈hr [color=# | size=# | width=# | align=# | noshade] 〉

其中,color 设置修饰线的颜色;size 设置修饰线的粗细;width 设置修饰线的长短;align 设置修饰线的对齐方式;noshade 设置修饰线是否有阴影效果。

【例 4.2】　设计文件名是 e4_2.htm 的网页程序文件。网页程序的设计要求如下:

(1)在网页页面的标题栏显示"网络图书销售信息管理系统"。

(2)网页页面显示"欢迎访问网络图书销售信息管理系统"的 1 号字标题。

(3)标题的下方出现红色水平修饰线。

(4)网页页面显示出现 logo.jpg 图片文件。

(5)空 2 行后出现蓝色段落文字。

(6)设置段落文字斜体字效果、下划线效果。

得到如图 4.2 所示的网页程序的浏览结果。

图 4.2　例 4.2 网页程序的浏览结果

e4_2.htm 网页程序的语句如下：

```
(1)   <!doctype html>
(2)   <html>
(3)   <head>
(4)     <meta charset="utf-8">
(5)     <title>网络图书销售信息管理系统</title>
(6)   </head>
(7)   <body>
(8)     <h1 align=center>欢迎访问网络图书销售信息管理系统</h1>
(9)     <hr color="red" width="500" align="center">
(10)    <p align="center">
(11)      <img src="logo.jpg" width="177" height="89" />
(12)    </p>
(13)    <br><br>
(14)    <p align="center">
(15)      <font size=4 color="blue">
(16)        <i>网络图书销售系统</i>是一种新型的购销方式,这个系统可以提供:
(17)        <br><br>
(18)        <u>客户注册</u>、<u>客户登录</u>、<u>图书进货</u>
(19)        <u>图书查询</u>、<u>登记订单</u>、<u>订单查询</u>、<u>销售</u>
(20)      </font>
(21)    </p>
(22)  </body>
(23)  </html>
```

例题分析：第(5)条语句设置网页页面的标题栏。第(8)条语句设置网页页面标题。第(9)条语句设置水平修饰线。第(10)~(12)条语句设置居中的图片。第(11)条语句设置网页页面出现图片。第(13)条语句设置空行。第(14)～(21)条语句设置居中的段落文字,用到换行、文字倾斜和下划线文字修饰效果。

4.2.10 表格标签

1. 表格标签

〈table〉和〈/table〉是建立表格的标签,与表格有关的标签还有表格标题标签、表格的行标签、表格的列名标签和表格的数据标签,它们必须写在〈table〉和〈/table〉标签之间,语句格式是:

〈table width=# bgcolor=# border=#〉… 〈/table〉

其中,width 设置表格的宽度;bgcolor 设置表格的背景颜色;border 设置表格的边框线。

2. 表格的标题标签

〈caption〉和〈/caption〉标签是设置表格的标题标签,语句格式是:

〈caption align=#〉表格标题 〈/caption〉

其中,align 设置表格标题的位置,可以在表格的 top(上方)或 bottom(下方),默认方式是表格的标题在表格的上方居中位置,表格可以没有标题。

3. 表格的行标签

〈tr〉和〈/tr〉是表格的行标签。在表格行标签之间可以有表格的列名标签和表格的数据标签。

4. 表格的列名标签

〈th〉和〈/th〉是表格的列名标签。表格有几列就要加入几个列名标签,语句格式是:

〈th〉单元格的名称〈/th〉

5. 表格的数据标签

〈td〉和〈/td〉是表格的数据标签。例如表格有 3 列就要加入 3 个数据标签,语句格式是:

〈td〉单元格的内容〈/td〉

【例 4.3】 设计文件名是 e4_3.htm 的网页程序文件。网页程序的设计要求如下:

(1) 在网页页面的标题栏和网页页面显示"网络图书销售信息管理系统"的标题。

(2) 在网页页面出现水平修饰线和表格,表格的标题"图书信息",表格的内容自定。

(3) 在网页页面表格的下方出现"欢迎订购图书"的滚动文字。

得到如图 4.3 所示的网页程序的浏览结果。

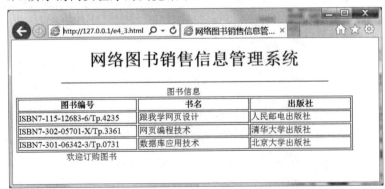

图 4.3 例 4.3 网页程序的浏览结果

e4_3.htm 网页程序的语句如下：

```
(1)  <!doctype html>
(2)  <html>
(3)  <head>
(4)      <meta charset="utf-8">
(5)      <title>网络图书销售信息管理系统</title>
(6)  </head>
(7)  <body>
(8)      <h1 align=center>网络图书销售信息管理系统</h1>
(9)      <hr color="red" width="500" align="center">
(10)     <table width=632 border=1>
(11)         <caption align=top> 图书信息 </caption>
(12)         <tr>
(13)             <th width=222 scope=COL>图书编号</th>
(14)             <th width=203 scope=COL>书名</th>
(15)             <th width=185 scope=COL>出版社</th>
(16)         </tr>
(17)         <tr>
(18)             <td>ISBN7-115-12683-6/Tp.4235</td>
(19)             <td>跟我学网页设计</td>
(20)             <td>人民邮电出版社</td>
(21)         </tr>
(22)         <tr>
(23)             <td>ISBN7-302-05701-X/Tp.3361</td>
(24)             <td>网页编程技术</td>
(25)             <td>清华大学出版社</td>
(26)         </tr>
(27)         <tr>
(28)             <td>ISBN7-301-06342-3/Tp.0731</td>
(29)             <td>数据库应用技术</td>
(30)             <td>北京大学出版社</td>
(31)         </tr>
(32)     </table>
(33)     <marquee direction=left behavior=alternate
(34)         width=200 align=center>欢迎订购图书</marquee>
(35) </body>
(36) </html>
```

例题分析：第(5)条语句设置网页页面的标题栏。第(8)条语句设置网页页面标题。第(9)条语句设置水平修饰线。第(10)～(32)条语句设置表格，第(11)条语句设置表格的标题，第(12)～(16)条语句设置表格的列名称，第(17)～(21)、(22)～(26)、(27)～(31)条语句设置表格的3行单元格数据。

4.2.11 超级链接标签

1. 超级链接

〈a〉和〈/a〉是超级链接标签。用于在网页页面上建立网页页面的超级链接,浏览者单击这个链接就能够跳转到其他网页页面。超级链接的提示可以是文字,也可以是图片,语句格式是:

〈a href="被链接的网页程序文件名"〉超级链接的标题　〈/a〉

2. 超级链接到本机的网页程序

在网页页面超级链接到本网站的另外一个网页页面,需要知道被超级链接的网页程序文件的文件名,语句格式是:

〈a href="被链接的网页程序文件名"〉超级链接的标题提示　〈/a〉

例如,超级链接到首页网页(index.htm)文件的方法是:

〈a href="index.htm"〉返回首页〈/a〉

再如,单击图片后,超级链接到首页网页(index.html)文件的方法是:

〈a href="index.html"〉< img src="home.jpg" width="50" height="40" /〉〈/a〉

3. 超级链接到某个网站的网页程序

网页页面超级链接到其他网站的网页页面,需要知道被超级链接的网页程序文件的域名地址和文件名,语句格式是:

〈a href="域名地址和文件名"〉超级链接的标题提示〈/a〉

例如,超级链接到"www.sina.com"的方法是:

〈a href="http://www.sina.com"〉新浪　〈/a〉

4. 超级链接到电子邮箱

在网页页面超级链接到一个电子邮箱,需要知道被链接的邮箱名称,语句格式是:

〈a href="mailto:邮箱名称"〉超级链接的标题提示　〈/a〉

例如,超级链接到"my_email@sina.com"的方法是:

〈a href="mailto:my_email@ sina.com"〉欢迎留言　〈/a〉

【例 4.4】 设计文件名是 e4_4.htm 的网页程序文件。网页程序的设计要求如下:
(1) 在网页页面的标题栏和网页页面显示"网络图书销售信息管理系统"的标题。
(2) 练习超级链接。

得到如图 4.4 所示的网页程序的浏览结果。

图 4.4　例 4.4 网页程序的浏览结果

e4_4.htm 网页程序的语句如下：

```
(1)  <!doctype html>
(2)  <html>
(3)  <head>
(4)  <meta charset="utf-8">
(5)  <title>网络图书销售信息管理系统</title>
(6)  </head>
(7)  <body>
(8)      <h1 align="center">网络图书销售信息管理系统</h1>
(9)      <hr color="red" width="500" align="center">
(10)     <p align="center"><!-- 以下是本站网页链接的方法 -->
(11)         <a href="index.htm">首页</a>  
(12)         <a href="e_bowse.htm">浏览</a>  
(13)         <a href="e_register.htm">注册</a>  
(14)         <a href="e_login.htm">登录</a>  
(15)         <a href="e_note.htm">留言</a>
(16)     </p>
(17)     <p align="center"><!-- 以下是非本站网页链接的方法 -->
(18)         友情链接：
(19)         <a href="http://www.sina.com">新浪</a>  
(20)         <a href="http://www.163.com">网易</a>
(21)     </p><!-- 以下是链接到邮箱的方法 -->
(22)     <p align="center">
(23)         欢迎联系：
(24)         <a href="mailto:my_emai@sina.com">my_email@sina.com</a>
(25)     </p>
(26) </body>
(27) </html>
```

例题分析：第(5)条语句设置网页页面的标题栏。第(8)条语句设置网页页面标题。第(9)条语句设置水平修饰线。第(11)～(15)条语句设置本地网页超级链接。第(19)～(20)条语句设置非本地网页超级链接。第(24)条语句设置邮箱超级链接。

4.3 CSS 层叠样式表

4.3.1 CSS 概述

1. CSS 的作用

层叠样式表(Cascading Style Sheets,CSS)是用来修饰网页页面的文字、背景、边框、颜色、层次、内容的技术,利用 CSS 技术可以保证网站的网页页面统一风格,较好地控制页面布局,减少插件的使用,提高浏览网页的速度,便于程序员调试和管理程序。

例如,如果希望出现 25 像素点、红色的居中字需要利用⟨h⟩和⟨font⟩两个标签完成,如果在一个网页出现多个这样的效果,就需要书写很多组⟨h⟩和⟨font⟩标签语句,这样看起来就显得非常烦琐。为此,可以定义一个样式,在样式中设定字号、颜色、对齐方式的属性,网页中可以有多处使用样式的效果,这样可以简化网页的设计。

2. CSS 的基本结构

利用样式标签表⟨style⟩可以定义样式标签,内部样式标签表出现在网页程序的⟨head⟩标签内:

⟨style⟩
  [样式标签名 1]{[属性名 1]:[属性值 1];…;[属性名 n]:[属性值 n];}
  …
  [样式标签名 n]{[属性名 1]:[属性值 1];…;[属性名 n]:[属性值 n];}
⟨/style⟩

例如,建立样式标签名⟨h1⟩的样式为红色、25 像素点、居中字;样式标签名⟨h2⟩的样式为字蓝色、20 像素点、右对齐字的方法:

```
<style>
    h1{ color:red ; font-size:25px; text-align:center }
    h2{ color:blue ; font-size:20px; text-align:right }
</style>
```

⟨style⟩标签中可以定义多个样式标签名,网页程序可以引用样式标签名。每个样式标签名里有多个属性,用 { } 括起来。每个属性用分号分开,属性由属性名称和属性值两部分组成,用:冒号分开。⟨h1⟩是 HTML 的标准标签,默认是 1 号、黑色字,由于在样式标签表中做了新定义,因此就变为红色、25 像素点、居中字。

3. 样式标签表与网页程序的关系

CSS 样式标签表与网页程序标签的关系:

(1) 内部样式标签表。

内部样式标签表是样式标签表与网页程序的标签语句保存在一个网页程序中。

(2) 外部样式标签表。

外部样式标签表是单独建立一个扩展名为.css 的样式标签表文件。样式标签表文件按照 CSS 的基本结构书写样式标签语句,然后在网页程序文件的⟨head⟩标签中引用样式标签表文件，语句格式是：
① 在网页程序中链接已经存在的样式标签表文件
〈link rel＝stylesheet href＝"样式标签表文件名.css"〉
例如，已经建立了 my_css.css 样式标签表文件，在 index.html 网页程序文件引用样式标签表文件的方法是在〈head〉标签中输入：

〈link rel= stylesheet href= "my_css.css"〉

② 在样式标签表文件中利用@import 导入已经存在的样式标签表。
例如，已经建立了 my_css1.css,my_css2.css,my_css3.css 样式标签表文件，在 my_css1.css 中导入 my_css2.css,my_css3.css 样式标签表的方法是在 my_css.css 文件的〈style〉标签写入：

```
〈style〉
    @ import "my_css2.css";
    @ import "my_css3.css";
〈/style〉
```

【例 4.5】 设计 e4_5.html 网页程序文件，设计要求如下：
(1) 建立样式标签 h1,效果特征是红色、25 像素点、居中字。
(2) 建立样式标签 h2,效果特征是蓝色、20 像素点、右对齐字。
得到如图 4.5 所示的浏览结果。

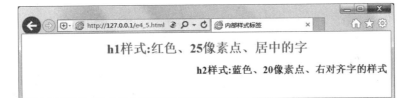

图 4.5　例 4.5 网页程序的浏览结果

e4_5.html 网页程序的语句如下：

```
(1)  〈! doctype html〉
(2)  〈html〉
(3)  〈head〉
(4)  〈meta charset= "utf-8"〉
(5)  〈title〉内部样式标签〈/title〉
(6)  〈style〉
(7)     /* h1 的样式为红色、25 像素点、居中字；  */
(8)     h1{ color:red; font-size:25px; text-align:center }
(9)     /* h2 的样式为字蓝色、20 像素点、右对齐字 */
(10)    h2{ color:blue; font-size:20px; text-align:right }
(11) 〈/style〉
```

(12) 〈/head〉
(13) 〈body〉
(14) 〈h1〉h1样式:红色、25像素点、居中的字〈/h1〉
(15) 〈h2〉h2样式:蓝色、20像素点、右对齐字的样式〈/h2〉
(16) 〈/body〉
(17) 〈/html〉

例题分析:第(6)~(11)条语句是CSS样式标签表定义语句,定义了h1,h2样式标签。第(14)条语句引用了h1样式,第(15)条语句引用了h2样式。在网页程序中,可以多处引用h1,h2样式标签,如果要修改h1样式标签字的颜色,只要修改h1样式标签的颜色参数的值,就可以产生对应的效果。所以,利用CSS技术设计和管理网页程序的效率很高。

4.3.2 CSS的类

1. CSS类的使用

当一个网页页面中相同的标记要显示不同的效果时要用到CSS的类(class)。

定义类的方法:

[标签名].[类名]{[属性名称]:[值];…;[属性名称]:[值];}

引用类的方法:

〈[标签名] class=[类名]〉…〈/[标签名]〉

例如,h1标签是一个样式,可以定义h1.c样式和h1.r样式,分别是h1样式下的另外的样式。

【例4.6】 设计e4_6.html网页程序文件,设计要求如下:

(1) 建立h1的样式为红色、25像素点的字。
(2) 建立h1.c的样式,在h1样式下居中的字。
(3) 建立h1.r的样式,在h1样式下右对齐的字。

得到如图4.6所示的浏览结果。

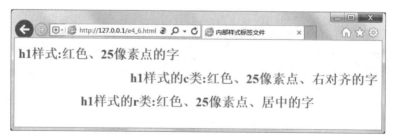

图4.6 例4.6网页程序的浏览结果

e4_6.html网页程序的语句如下:

(1) 〈!doctype html〉
(2) 〈html〉
(3) 〈head〉
(4) 〈meta charset="utf-8"〉

(5) 〈title〉内部样式标签文件〈/title〉
(6) 〈style type= "text/css" 〉
(7)   /* h1 的样式为红色、25 像素点的字;*/
(8)   h1{ color: #F00; font-size:25px }
(9)   /* h1 的 c 类样式为红色、25 像素点,居中的字*/
(10)   h1.c {text-align:center}
(11)   /* h1 的 r 类样式为红色、25 像素点,右对齐的字*/
(12)   h1.r {text-align:right}
(13) 〈/style〉
(14) 〈/head〉
(15) 〈body〉
(16) 〈h1〉h1 样式:红色、25 像素点的字〈/h1〉
(17) 〈h1 class= r〉h1 样式的 c 类:红色、25 像素点、右对齐的字〈/h1〉
(18) 〈h1 class= c〉h1 样式的 r 类:红色、25 像素点、居中的字〈/h1〉
(19) 〈/body〉
(20) 〈/html〉

例题分析:第(6)~(13)条语句定义了 CSS 样式标签,第(16)条语句引用了 h1 样式,第(17)~(18)条语句引用了 h1.c 和 h1.r 样式标签。

4.3.3 CSS 的文字的属性

CSS 利用字体属性和文本属性能够控制页面显示文字的效果。

1. 字体属性

(1) 字体(font-family):设置段落的字体名称为黑体、Arial 或宋体。例如:

p { font-family: 黑体,Arial,宋体 ; }

(2) 字体样式(font-style)设置文字显示是否倾斜。属性包括 normal(正常字体)、italic(斜体)、oblique(倾斜),默认为 normal(正常字体)。例如,设置段落的字体为倾斜:

p { font-style: italic; }

(3) 字体加粗(font-weight)设置文字以加粗方式显示。属性包括 normal(正常字体)、bold(粗体)、lighter(细体),默认为 normal(正常字体)。例如:设置段落的字体为粗体:

p { font-weight: bold }

(4) 字号设置文字的字号和单位,单位可以是 px,points,cm,mm,inch。例如:设置段落的字号为 24px:

p {font-size:24px;}

综上所述,设置段落为粗体、斜体、字号为 24px:

p { font-weight: bold ; font-size:24px; font-style: italic }

2. 文本属性

(1) 文本对齐(text-align)设置段落的对齐方式。属性包括 left(左对齐)、right(右对齐)、center(居中)、justify(两端对齐)。

(2) 首行缩进(text-indent)设置段落的首行缩进 2 个字符：

```
p { text-indent:2em;}
```

(3) 行高(line-height)设置段落的行高。

(4) 字间距(letter-spacing)设置段落的字符间距。例如设置字间距为 10px 像素点：

```
p { letter-spacing: 10px;}
```

(5) 文本修饰(text-decoration)设置文本的修饰，在文字上加划线。属性包括 underline(下划线)、overline(上划线)、linethrough(贯穿线)、blink(闪烁)、none(无修饰)。例如，设置段落为贯穿线：

```
p { text-decoration: line-through;}
```

4.3.4 块的应用

1. 块的概念

利用块可以设计页面的布局，可以非常灵活地将页面分为不同的区域，各区域存放不同的页面内容。

2. 块的定义

〈div〉和〈/div〉是块标签，块可以定位在页面的任意位置。块内的元素可以包含文本、图像、表格等内容。例如，下列语句定义宽 200 像素高 115 像素的红色块：

```
〈div style= "position:absolute; background-color:red;
width:200px; height:115px; "〉
    块内的元素
〈/div〉
```

其中，position 设置块的位置，absolute 表示绝对位置；background-color 设置块的背景颜色；width 和 height 设置块的大小 。

【例 4.7】 设计 e4_7.css 样式标签文件产生图 4.7 的页面效果，设计 e4_7.html 网页程序文件，引用 e4_7.css 样式标签文件，产生图 4.8 的页面效果，设计要求如下：

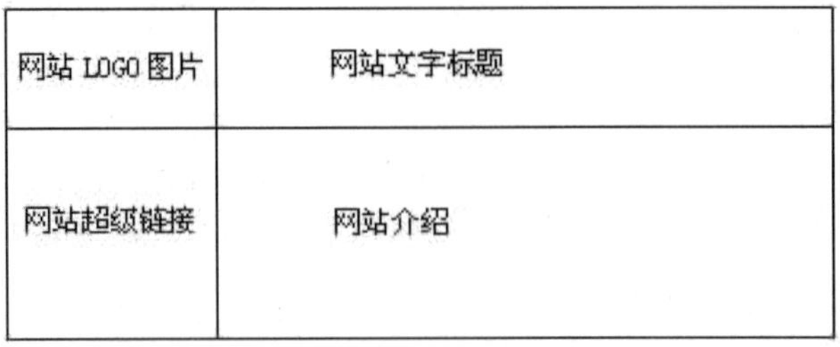

网站 LOGO 图片	网站文字标题
网站超级链接	网站介绍

图 4.7 例 4.7 网页程序的屏幕布局

如图 4.7 所示的网页页面包括四个部分：
(1) 网站 LOGO 图片区域显示 logo.jpg 图片。
(2) 网站文字标题区域显示"网络图书销售信息管理系统"。
(3) 网站文字超级链接区域显示超级链接新浪、网易。
(4) 网站介绍区域出现介绍网站的文字。

图 4.8　例 4.7 网页程序的浏览结果

e4_7.css 的语句如下：

```
(1)     @ charset "utf-8";
(2)     /*  CSS Document * /
(3)     ⟨style type= "text/css"⟩
(4)     h1 {font-size:24px;font-style:italic; }
(5)     # div1 {
(6)        position:absolute;      /* 块的位置采用固定位置 * /
(7)        top: 20px;         /* 块的上边位置 * /
(8)        left: 40px;        /* 块的左边位置 * /
(9)        width:190px;       /* 块的宽度 * /
(10)       height:48px;       /* 块的高度 * /
(11)       background-color: # 99FFCC;      /* 块的背景颜色* /
(12)    }
(13)    # div2 {
(14)       position:absolute;      /* 块的位置 * /
(15)       top: 20px;         /* 块的上边位置 * /
(16)       left: 240px;       /* 块的左边位置 * /
(17)       width:400px;       /* 块的宽度 * /
(18)       height:48px;       /* 块的高度 * /
(19)       background-color: # 99FFCC;      /* 块的背景颜色* /
(20)    }
(21)    # div3{
(22)       position:absolute;       /* 块的位置 * /
```

```
(23)    top: 80px;          /* 块的上边位置 */
(24)    left: 40px;         /* 块的左边位置 */
(25)    width:100px;        /* 块的宽度 */
(26)    height:200px;       /* 块的高度 */
(27)    background-color: # 99FF00;    /* 块的背景颜色*/
(28)    padding:5px;        /* 块内其他元素距离本块上边的位置*/
(29)    }
(30)    # div4 {
(31)    position:absolute;  /* 块的位置 */
(32)    top: 80px;          /* 块的上边位置 */
(33)    left: 155px;        /* 块的左边位置 */
(34)    width:500px;        /* 块的宽度 */
(35)    height:200px;       /* 块的高度 */
(36)    background-color: # CF6;       /* 背景颜色*/
(37)    padding:10px;       /* 块内其他元素距离本块上边的位置*/
(38)    }
(39)    body {background-color: # CCF;}
(40)    〈/style〉
```

例题分析：第(5)~(12)条语句设计了块〈div1〉，用于显示网站 LOGO 图片。第(13)~(20)条语句设计了块〈div2〉，用于显示网站文字标题。第(21)~(29)条语句设计了块〈div3〉，用于显示网站超级链接。第(30)~(38)条语句设计了块〈div4〉，用于显示网站介绍。第(39)条语句设计了网页页面的背景颜色。块的 top,left,width,height 定义了块的大小。其他网页程序可以引用本样式标签表程序。

e4_7.html 网页程序的语句如下：

```
(1)     〈! doctype html〉
(2)     〈html〉
(3)     〈head〉
(4)     〈meta charset= "utf-8"〉
(5)     〈title〉网页页面布局-块〈/title〉
(6)     〈link rel= "stylesheet" href= "e4_7.css"〉
(7)     〈style〉
(8)     /* h1 样式说明 蓝色 20 像素点 居中字 */
(9)         h1{color:blue;font-size:20px;text-align:center;}
(10)    〈/style〉
(11)    〈/head〉
(12)    〈body〉
(13)    〈div id= "div1" 〉
(14)        〈img src= "logo.jpg" height= "48" width= "190" 〉
(15)    〈/div〉
(16)    〈div id= "div2"〉
```

```
(17)        〈h1〉网络图书销售信息管理系统〈/h1〉
(18)     〈/div〉
(19)     〈div id= "div3" 〉
(20)        〈br〉友情链接：
(21)        〈br〉〈a href= "http://www.sina.com"〉新浪〈/a〉
(22)        〈br〉〈a href= "http://www163.com"〉网易〈/a〉
(23)     〈/div〉
(24)     〈div id= "div4"〉
(25)        网络图书销售信息管理系统〈br〉
(26)        1．建立网站〈br〉
(27)        2．设计数据库模型〈br〉
(28)        3．设计网页程序〈br〉
(29)     〈/div〉
(30)   〈/body〉
(31) 〈/html〉
```

例题分析：第(6)条语句引用了 e4_7.css 样式文件，第(9)条语句定义了 h1 样式标签设置文字字号和倾斜，第(13)～(15)条语句定义了〈div1〉块的应用效果。第(16)～(18)条语句定义了〈div2〉块的应用效果。第(19)～(23)条语句定义了〈div3〉块的应用效果。第(24)～(29)条语句定义了〈div4〉块的应用效果。样式标签 h1 属于内部样式只能在本网页程序引用和生效。其他网页文件可以应用 e4_7.css 样式文件。

本章介绍网页设计的基本知识，介绍了常用标签语句的使用方法。本章介绍的内容是网页设计技术的基本要求，学习时应当结合上机实验完成例题，应当多思考独立设计其他类似网页，只有带着兴趣去学习才会有效地提高网页设计的技能。

思 考 题

1．说明网页程序的框架结构。
2．HTML 有哪些常用的基本标签语句？
3．网页程序文件有哪些类型？
4．如何设置网页页面标题栏的内容？
5．如何设置网页页面的图片？
6．设计网页程序利用表格显示一周每天上午、下午和晚上要做的工作。
7．如何设置网页页面的文字颜色、文字大小、文字字体？
8．网页的超级链接有哪些方式？
9．CSS 技术有什么用处？

第五章 Dreamweaver 网页设计软件

Dreamweaver 软件是可视化的网站站点管理和设计网页程序的软件工具。
本章介绍 Dreamweaver 软件的基本使用方法，包括以下内容：
➢ Dreamweaver 软件的职能和操作方式。
➢ 利用 Dreamweaver 软件设计网页程序的过程。
学习本章要灵活掌握利用 Dreamweaver 软件设计网页程序的方法。

5.1 Dreamweaver 软件的概述

5.1.1 Dreamweaver 软件简介

1. 可视化的网页程序设计方法

为了提高编写网页程序的效率，可以采用专业的网页开发工具设计网页程序，这种方法是可视化的、所见即所得的网页程序设计方法。这种方法的特点是在设计的网页页面直接插入出现的网页元素，计算机自动产生网页程序的标签语句，在设计网页程序时由于减少了输入标签语句的环节，因此利用可视化的操作方法建立网页程序操作起来非常简单。

2. Dreamweaver 软件的功能

Dreamweaver 软件的功能是管理网站站点和设计网页程序。利用这个软件可以方便地管理网站中的网页程序，快速地建立网页程序。因此学习 Dreamweaver 主要学习站点管理和设计网页程序的技术。本章介绍 Dreamweaver CS6 软件的使用。

3. 网站站点管理

网站的职能是用来管理和保存与网页程序有关的各类文件。简单来说，网站就是存储网页程序的文件夹，如果是为了学习网页设计为目的的，那么建立网站就是在计算机上建立一个文件夹，把建立的网页程序全部保存到这个文件夹中。如果是为了把设计的网页页面在互联网上发布，那么需要将本机网站的网页程序调试完毕后，把设计的网页程序上传到互联网网站存储网页程序的文件夹。因此 Dreamweaver 软件网站站点管理的主要工作，是利用站点管理器创建维护站点，并可以及时更新和上传网页程序文件。本书第二章介绍了 Dreamweaver 软件站点管理的方法。

4. Dreamweaver 软件的特点

设计网页程序的方法很多，每一种方法各有特色。Dreamweaver 软件的特点是利用 Dreamweaver 软件的"所见即所得"技术可以方便、灵活地设计出网页程序。在编写网页程序时，Dreamweaver 软件既支持网页设计者借助系统提供的模板或 Dreamweaver 软件系统菜单建立网页程序，使得网页设计者不必记忆繁琐的 HTML 标签语句及其参数，计算机就可以自动产生网页程序；同时 Dreamweaver 软件也支持利用 HTML 标签语句建立网页程序，这样网页设计者可以根据自己的需要灵活地设计出网页程序。

5.1.2 Dreamweaver 软件的操作界面

1. 新建文件操作窗口

进入到 Dreamweaver 系统,选择"文件"→"新建"选项,出现图 5.1 所示的 Dreamweaver 新建文档窗口。

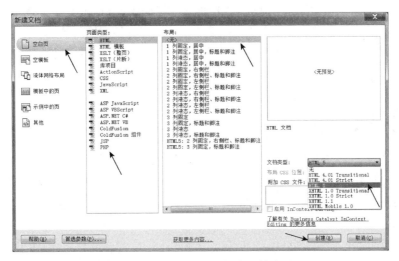

图 5.1 Dreamweaver 新建文档窗口

在图 5.1 所示的窗口,可以进行以下操作:

(1) 选择新建文件是空白页、模板页、流体网格布局、示例中的页。

(2) 选择页面类型,本书介绍建立 HTML,CSS,PHP 页面的方法。

(3) 选择页面布局类型,选择页面的文档类型,本书介绍 HTML5 规范,因此选择文档类型为"HTML5"。

(4) 选择以上项目后,单击"创建"按钮,出现图 5.2 所示 Dreamweaver 编辑程序窗口。

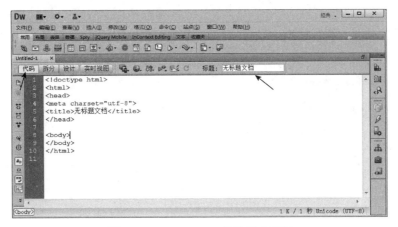

图 5.2 Dreamweaver 编辑程序窗口

2. 程序编辑窗口

在图5.2所示的窗口,主窗口分为系统菜单区、工具栏区、网页页面区、控制面板区和属性面板区,利用图5.2所示的窗口,可以创建网站站点和设计网页程序。设计网页页面程序时,可以选择"代码""拆分""设计"视图按钮,单击"代码"视图按钮,屏幕切换到设计网页程序的HTML代码窗口。单击"设计"视图按钮,屏幕切换到设计网页程序的"所见即所得"窗口。单击"拆分"视图按钮,屏幕切换到设计网页程序的HTML代码和"所见即所得"窗口。

提示:本章介绍的操作在图5.2所示的窗口,选择"代码"视图操作方式。

5.2 建立和编辑网页程序

5.2.1 新建网页程序

1. 建立网页程序的步骤

网页程序是网站必不可少的文件,网站中至少有一个主页,主页程序的文件名要根据远程服务器站点的约定命名,网站主页程序的文件名主名一般是index,文件类型可以是htm或php。

利用Dreamweaver建立网页程序文件的步骤:

(1) 选择Dreamweaver软件菜单栏的"文件"→"新建"菜单项,出现图5.1所示网页文件的类型窗口,网站的服务技术类别各异,所以网页程序有不同类型的文件。结合本书介绍的内容,在图5.1所示的窗口,选择HTML,CSS和PHP类型比较多。

(2) 设置网页的属性。选择Dreamweaver软件菜单栏的"修改"→"页面属性"菜单项,出现图5.4所示网页属性窗口,设置网页页面的属性。

(3) 设计网页页面出现的各种元素、设置每个元素的属性,利用代码视图编辑程序语句。

(4) 选择Dreamweaver软件菜单栏的"文件"→"保存"菜单项,输入网页程序的文件名,保存网页程序文件。

(5) 在浏览器的地址栏输入"http:/127.0.0.1/网页程序文件名",浏览网页程序的内容,如果不满意网页页面的浏览结果,可以修改网页程序。

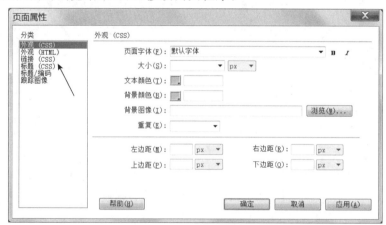

图5.3 页面属性窗口

2. 编辑网页程序

在图 5.1 所示的窗口,选择文件类型后,单击"创建"按钮,出现图 5.2 所示的窗口,编辑网页程序。

在图 5.2 所示的窗口,利用代码、拆分、设计和实时视图窗口可以建立网页程序代码。

5.2.2 设置网页页面的属性

在图 5.3 所示的页面属性面板,在分类框中选择外观,设置网页页面的背景颜色、背景图片、文字字体、网页页面标题等属性,选择标题、编码设置网页页面标题和编码等属性。

5.2.3 插入和设置网页页面的文本

网页页面的文本是供浏览者浏览的文字内容,网页页面的文本可以是字母、汉字、特殊符号、日期等。在图 5.2 所示的窗口选择"设计"视图按钮,输入文本,设置文本的属性,如文本的字体、颜色、对齐方式等内容,这样网页页面更加美观。

1. 插入网页页面的文本

在图 5.2 所示的窗口,在"设计"视图操作页面,可以直接将光标移动到指定的位置,然后输入文本就可以了。在输入文本时,Dreamweaver 可以根据网页页面的大小自动调整文字折行显示。

2. 插入特殊字符

在网页页面插入特殊字符的操作方法是:将光标移到需要插入特殊字符的位置,选择 Dreamweaver 软件系统菜单栏的"插入"→"HTML"→"特殊字符"菜单项,出现特殊字符的级联菜单,根据需要选择要插入的特殊字符,单击"确定"按钮,即可插入特殊字符。

3. 插入日期

在网页页面插入日期的操作方法是将光标移到需要插入日期的位置。选择 Dreamweaver 软件系统菜单栏的"插入"→"日期"菜单项,出现图 5.4 所示的插入日期窗口,根据需要选择日期格式,勾选"存储时自动更新"选项,单击"确定"按钮,完成操作。

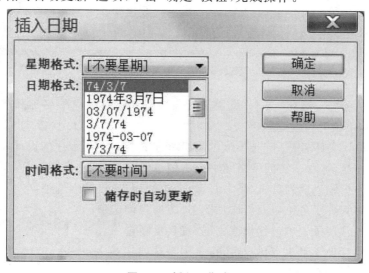

图 5.4 插入日期窗口

4. 设置网页文本的属性

为了使网页页面的文字美观,选择要修饰的文本,在图5.2所示的Dreamweaver编辑程序窗口,打开属性面板可以设置文本的格式、颜色、字体、样式、大小、对齐方式、标号样式等属性。

5.2.4 插入和设置网页页面的导航条

为了使网页美观,可以在网页上加上导航条,导航条起到菜单的作用,具体操作方法是:

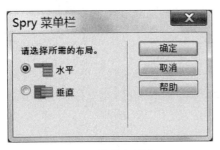

图 5.5 菜单布局窗口

(1) 将光标移到需要插入导航条的位置。

(2) 选择Dreamweaver软件系统菜单栏的"插入"→"Spry(S)"→"Spry菜单栏"菜单项,出现图5.5所示的菜单布局窗口。

(3) 在图5.5所示的窗口选择菜单布局后,单击"确定"按钮,出现图5.6所示的定义菜单窗口。菜单系统由菜单栏、子菜单组成,每个菜单由菜单名称、对应的网页程序等组成。

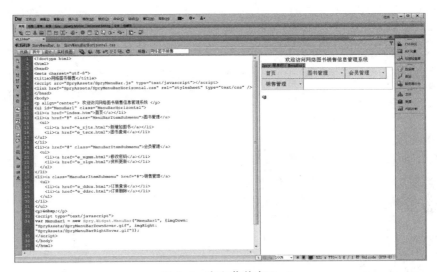

图 5.6 定义菜单窗口

在图5.6所示的窗口,在"文本"位置输入菜单栏和下级菜单的名称和链接文件后,单击"+"增加菜单项,单击"-"删除菜单项。

【例5.1】 设计文件名是e5_1.htm的网页程序文件。网页程序的设计要求如下:

(1) 网页页面显示"欢迎访问网络图书销售信息管理系统"的标题。

(2) 设计菜单标题栏成为首页、图书管理、会员管理、销售管理选项。

(3) 设计图书管理子菜单包括新增加图书、图书查询选项。

(4) 设计会员管理子菜单包括修改密码、资料更新选项。

(5) 设计销售管理子菜单订单查询、订单删除选项。

得到如图5.7所示的浏览结果。

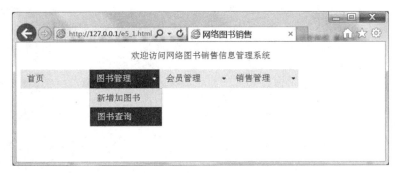

图 5.7 例 5.1 网页程序的浏览结果

e5_1.html 的网页程序文件代码如下：

```
(1)  <!doctype html>
(2)  <html>
(3)  <head>
(4)  <meta charset="utf-8">
(5)  <title>网络图书销售</title>
(6)  <script src="SpryAssets/SpryMenuBar.js" type="text/javascript"></script>
(7)  <link href="SpryAssets/SpryMenuBarHorizontal.css"
(8)      rel="stylesheet" type="text/css" />
(9)  </head>
(10) <body>
(11) <p align="center">欢迎访问网络图书销售信息管理系统</p>
(12) <ul id="MenuBar1" class="MenuBarHorizontal">
(13) <li><a href="index.htm">首页</a></li>
(14) <li><a href="#" class="MenuBarItemSubmenu">图书管理</a>
(15)    <ul>
(16)      <li><a href="e_zjts.html">新增加图书</a></li>
(17)      <li><a href="e_tscx.html">图书查询</a></li>
(18)    </ul>
(19) </li>
(20) <li><a href="#" class="MenuBarItemSubmenu">会员管理</a>
(21)    <ul>
(22)      <li><a href="e_xgmm.html">修改密码</a></li>
(23)      <li><a href="e_zlgx.html">资料更新</a></li>
(24)    </ul>
(25) </li>
(26) <li><a class="MenuBarItemSubmenu" href="#">销售管理</a>
(27)    <ul>
(28)      <li><a href="e_ddcx.html">订单查询</a></li>
(29)      <li><a href="e_ddsc.html">订单删除</a></li>
(30)    </ul>
```

```
(31)        </li>
(32)        </ul>
(33)        <p> </p>
(34)        <script type= "text/javascript">
(35)        var MenuBar1 = new Spry.Widget.MenuBar("MenuBar1",
(36)             {imgDown:"SpryAssets/SpryMenuBarDownHover.gif",
(37)             imgRight:"SpryAssets/SpryMenuBarRightHover.gif"});
(38)        </script>
(39)        </body>
(40)        </html>
```

例题分析:第(12)~(32)条语句定义菜单和子菜单项。参见第(17)条语句,以新图书查询为例,当选择菜单项后,利用超级链接调用 e_tscx.html 网页程序,执行图书查询程序的职能。

5.2.5 插入和设置网页页面的修饰线

为了使网页页面美观,可以在网页页面加上修饰线使网页页面有层次感,操作方法是:将光标移到需要插入修饰线的位置。选择 Dreamweaver 软件系统菜单栏的"插入"→"HTML"→"水平线"菜单项。

5.3 表格的应用

5.3.1 插入表格

在网页页面上可以设计出现表格,操作方法是:
(1) 将光标移到需要插入表格的位置。
(2) 选择 Dreamweaver 软件系统菜单栏的"插入"→"表格"菜单项,出现表格窗口设置表格参数如图 5.8 所示,根据需要设置插入表格的行数、列数、表格宽度、边框线的粗细、单元格边距和单元格间距以及表格标题、摘要等属性。

图 5.8 设置表格参数

(3) 单击"确定"按钮,出现表格,直接输入表格单元格的内容。

5.3.2 设置表格

在设计网页程序时,选择新插入的表格,出现图 5.9 所示的设置表格属性窗口,可以设置表格的属性,包括表格单元格的背景颜色、背景图像、边框颜色、单元格的对齐方式等属性。

图 5.9 设置表格属性

【例 5.2】 设计文件名是 e5_2.htm 的网页程序文件。网页程序的设计要求如下:
(1) 网页页面显示"欢迎访问网络图书销售信息管理系统"的标题。
(2) 网页页面标题下方出现一条水平下划线。
(3) 插入表格并设置表格属性,增加图书目录表,输入书名、书号、出版社等信息。
得到如图 5.10 所示的浏览结果。

图 5.10 例 5.2 网页程序的浏览结果

e5_2.html 的网页程序文件代码如下:

```
(1)   <!doctype html>
(2)   <html>
(3)   <head>
(4)   <meta charset="utf-8">
(5)   <title>无标题文档</title>
(6)   </head>
(7)   <body>
(8)   <h3>欢迎访问网络图书销售信息管理系统</h3>
(9)   <hr />
(10)  <table width="600" border="1">
(11)  <caption>图书目录表</caption>
(12)  <tr>
(13)  <td width="144"><span class="style15">书名</span></td>
(14)  <td width="273"><span class="style15">书号</span></td>
(15)  <td width="150"><span class="style15">出版社</span></td>
(16)  </tr>
(17)  <tr>
(18)  <td><span class="style15">跟我学网页设计</span></td>
(19)  <td><span class="style15">ISBN-115-12683-6/TP.4235</span></td>
(20)  <td><span class="style15">人民邮电出版社</span></td>
(21)  </tr>
(22)  <tr>
(23)  <td><span class="style15">网页编程技术</span></td>
(24)  <td><span class="style15">ISBN-302-05701-X/TP.3361</span></td>
(25)  <td><span class="style15">清华大学出版社</span></td>
(26)  </tr>
(27)  <tr>
(28)  <td><span class="style15">数据库应用技术</span></td>
(29)  <td><span class="style15">ISBN-301-06342-3/P.0731</span></td>
(30)  <td><span class="style15">北京大学出版社</span></td>
(31)  </tr>
(32)  </table>
(33)  </body>
(34)  </html>
```

例题分析：第(10)～(32)条语句定义表格标签。第(12)～(16)、(17)～(21)、(22)～(26)、(27)～(31)条语句定义了表格的4行单元格。

思 考 题

1. Dreamweaver软件的职能是什么？
2. 利用Dreamweaver软件设计网页程序的方式有哪两种？
3. 图5.2所示"代码""拆分""设计"视图的作用是什么？
4. 如何设置网页页面的属性？

第六章　PHP 程序设计语言

PHP 程序设计语言是设计动态网页程序的软件工具。利用 PHP 程序设计语言可以设计对网络数据加工的网页程序，实现客户端与网站服务器端的交互数据处理。

本章介绍利用 PHP 程序设计语言设计网页程序的基本知识。包括以下内容：
➢ PHP 程序设计语言概述。
➢ PHP 程序设计语言的变量、数据类型、运算符、表达式。
➢ PHP 程序设计语言的数组。
➢ PHP 程序设计语言的函数。
➢ PHP 程序设计语言的控制语句。

学习本章要了解设计 PHP 程序的规范，重点掌握编写 PHP 程序的方法，能够结合实际应用设计简单的 PHP 应用程序。

6.1　PHP 程序设计语言概述

6.1.1　PHP 程序设计语言基础

1. PHP 程序设计语言

PHP 程序设计语言是用于设计动态网页程序的软件工具，利用 PHP 程序设计语言设计的网页程序保存在网站的服务器端，浏览者浏览时，PHP 程序在网站的服务器端运行，所以网站需要配置高性能的服务器。PHP 网页程序主要用于做数据加工，它可以加工客户端输入的数据，能够将客户端输入的数据保存到网站服务器的 MySQL 数据库。PHP 网页程序也可以把网站服务器的数据从数据库中提取出来，经过 PHP 网页程序的加工，显示到客户端供浏览者浏览。用 PHP 技术设计的网页程序能够与数据库技术相结合加工数据，PHP 网页程序也称作动态网页程序。PHP 网页程序的应用功能强大，它属于计算机高级程序设计语言，实际应用中 PHP 技术设计的网页程序占用的系统资源少，很多网站将 PHP 技术与 MySQL 技术相结合建立应用软件系统。

利用 PHP 程序设计语言设计网页，需要在网站的计算机服务器中安装 PHP 系统软件，否则无法设计和运行 PHP 网页程序。安装 PHP 程序设计语言的方法请参见本书第二章。

PHP 程序设计语言设计的动态网页程序，既可以包括 HTML 标签语句，也可以包括 PHP 语句，利用 HTML 标签语句编写网页程序的规范请参考本书第四章，本章介绍 PHP 程序设计语言编写程序的规范。

2. PHP 应用程序案例

浏览者在网站申请电子邮箱、申请微博、电子商城购物等都涉及 PHP 应用程序。以申请邮箱服务为例，在网站申请邮箱时，申请人在客户端的网页页面输入申请人的资料，如邮箱名称、密码和密码确认等信息，网站需要设计接收数据的 HTML 类型的网页程序。申请人输入个人资料提交后,申请人输入的信息传送到网站进行有效性检验和保存处理,例如需要检测输入的邮箱名称是否已经存在、输入的密码和确认密码是否一致等,如果申请人输入的数据无效,需要把错误的数据项反馈给申请人。如果客户端输入的信息有效,需要将申请人输入的信息保存到网站服务器的数据库中。申请人数据的检测和保存处理,需要通过一系列算法程序完成,所以需要设计 PHP 网页程序文件。

3. PHP 网页程序

利用 PHP 技术设计的程序称作 PHP 网页程序。PHP 网页程序是具有一定处理逻辑的语句集合。PHP 网页程序完成客户端与服务器端数据的交互处理,设计 PHP 网页程序涉及以下技术:

(1) 接收数据。接收数据的网页程序用于接收来自客户端输入的数据。接收数据的网页程序要设计表单元素,利用文本框、单选钮、复选框、列表/菜单等表单元素接收数据。可以参见本书第七章,了解接收数据的网页程序的设计方法。

(2) 处理数据。浏览者在客户端输入的数据传送到网站后,由于浏览者输入的数据可能不规范或者有错误,所以要在网站的服务器端检验数据的有效性。

在网站的服务器端检验数据的有效性是通过 PHP 网页程序完成的。如果输入的数据不符合设计要求,PHP 网页程序将给浏览者显示操作错误的提示信息。如果输入的数据符合设计规范,PHP 网页程序将把数据保存到数据库的数据表中。

6.1.2 PHP 网页程序的格式

1. PHP 网页程序

PHP 网页程序是由 HTML 标签语句和 PHP 语句组成的动态网页程序,HTML 标签语句和 PHP 语句共同组成了 PHP 网页程序文件,PHP 网页程序文件的扩展名是"*.php"。在浏览器软件的地址栏输入 PHP 网页程序的文件名后,可以浏览 PHP 网页程序的网页页面。

2. PHP 网页程序的规范

设计 PHP 网页程序要严格遵循设计规范,下面通过例 6.1 说明 PHP 网页程序的设计规范。

【例 6.1】 设计文件名是 e6_1.php 的网页程序,网页程序的设计要求如下:
(1) 网页的标题栏显示"根据时间显示问候语"。
(2) 网页的页面标题显示"网络图书销售系统"。
(3) 页面出现一条水平修饰线。
(4) 显示浏览网页的时间和问候语。
得到如图 6.1 所示的浏览结果。

图 6.1 例 6.1 网页程序的浏览结果

e6_1.php 网页程序的代码如下：

```
(1)     <! doctype html>
(2)     <html>
(3)     <head>
(4)         <meta charset= "utf-8">
(5)         <title>根据时间显示问候语</title>
(6)     </head>
(7)     <body>
(8)         <p>网络图书销售系统</p>
(9)         <hr>
(10)        <? /* PHP 的开始标记 */
(11)        print "<br>现在时刻:".date("H 时 i 分 s 秒"); //PHP 的显示语句
(12)        if (date(H)<= 8) //PHP 的分支语句 date(H)得到浏览网页时刻的小时
(13)          print " 早上好。";
(14)        else
(15)          if (date(H)>8 and date(H)<= 12)
(16)            print " 上午好。";
(17)          else
(18)            if (date(H)>12 and date(H)<= 18)
(19)              print " 下午好。";
(20)            else
(21)              print " 晚上好。";
(22)        ?><!-- PHP 的结束标记 -->
(23)     </body>
(24)     </html>
```

例题分析：参照图 6.1 显示的问候语，由于时间不同，显示的问候语提示就不同，所以本例题涉及对时间的处理，要用到 PHP 程序处理。date( )函数对字母大小写有严格的要求，不要写错。

（1）PHP 网页程序包括 HTML 标签语句和 PHP 语句块。第(8)~(9)条语句属于 HTML 标签语句，第(10)~(22)条语句属于 PHP 语句块。

（2）<? … ?>是 PHP 程序的开始标签和结束标签，称作 PHP 语句块。所有与 PHP 技术有关的语句必须写到 PHP 语句块之间，PHP 网页程序中可以有多个 PHP 语句块。

（3）第(11)条语句的 print 语句是显示语句。PHP 语句块内如果有 HTML 的标签语句，必须写在双引号("")内部。

（4）第(12)~(21)条是 PHP 的分支语句。date( )是获得日期和时间的函数，有严格的格式要求。利用 date(H)获得小时后，能够根据时间显示不同的问候语。

（5）为了便于阅读程序，程序中要有必要的注释语句，第(10)行的/* … */语句、(12)行的//语句是 PHP 语句块的注释语句。

（6）设计 PHP 网页程序必须遵守设计规范，一条 PHP 语句必须以分号(;)结束，一行可以写多条语句,语句的标点符号必须采用英文符号。

提示:按照第二章介绍的内容,网页程序必须保存在"d:/AppServ/www/"文件夹。这样在 IE 浏览器的地址栏输入"http://127.0.0.1/〈网页文件名.扩展名〉"后,能够浏览网页页面。

3. PHP 网页程序的标签

PHP 网页程序的语句是嵌入到 HTML 网页程序标签中的,所以设计网页程序时,在网页程序中加入 PHP 的开始标签和结束标签就构成了 PHP 语句块。

PHP 网页程序的语句块标签,可以采用以下两种格式:

(1)〈? php … ?〉或 〈? … ?〉

(2)〈script language="php"〉…〈/script〉

为了节省版面,本章介绍的例题只给出 PHP 网页程序语句块的内容,完整的 PHP 网页程序结构参见例 6.1 的代码。

4. PHP 网页程序的注释

设计网页程序时,为了便于理解和阅读程序,PHP 网页程序中出现注释语句是非常必要的。在 PHP 网页程序中加入注释语句可以采用以下两种方式:

(1) /*　多行注释语句　*/　　注释的内容可以占多行;

(2) // 一行注释语句　　　　　注释的内容只能占一行。

6.2　PHP 语言的变量、数据类型、运算符、表达式

利用 PHP 程序设计语言设计网页程序,需要学习编写程序的基本要素,如变量的使用、数据类型、运算符及其表达式的书写规范等内容,这些内容是设计网页程序的基础。

6.2.1　PHP 语言的变量

1. 变量

变量是计算机存储数据的单元,是程序处理的基本对象。PHP 程序设计语言的变量由变量名和变量值组成。

(1) 变量名。

给变量命名要符合变量命名的规则:所有变量名的首字符必须是"$"符号,第 2 个字符不能是数字符号,可以是下划线或字母,避免用横线(可能误判为减号)或汉字。给变量命名最好做到见名知意,可以用英文单词或者汉字拼音字母作为变量名。

例如,$_id,$ book,$ zuo_zhe 是正确的变量名。

(2) 变量值。

变量值有两种来源,一种来源是通过赋值语句给变量预先设定变量值,另一种来源是经过程序处理得到的变量值。给变量赋值要严格区分数据类型。

$ book_name= "计算机基础";$ book_name 的值用引号定界,表示是字符串变量。

$ jia_ge=25;$ shu_liang=200;$ jia_ge 表示价格、$ shu_liang 表示数量是数值变量。

$ zi_jin= $ jia_ge * $ shu_liang;$ zi_jin 表示资金,是两个变量乘积的结果。

2. 预定义变量

PHP 程序设计中提供了预定义变量,这些变量的值是 PHP 系统的内部变量,设计程序时可以加工这些变量。例如:$\_POST[变量名],$_GET[变量名],$_SESSION[变量名]等。

6.2.2 PHP 语言的数据类型

计算机处理的数据分为不同的数据类型,各类型数据的数据加工方式和表达方式不同。

1. 数值类型

(1) 整型数。

整型数是指正整数、负整数。整型数属于数值型数据。给变量赋值时可以采用不同的进制数表示,如果没有特殊说明整型数采用十进制数表示。给变量赋值成为八进制时必须以数字 0 开头,给变量赋值成为十六进制时必须以 0x 开头。

(2) 浮点数。

浮点数用来表示带小数点的数,属于数值型数据。浮点数可以表示出比整数范围更大的数,表示的小数精度也更高。由于任意一个数都可以表示成由尾数部分和指数部分组成的数,即 $x=\pm a\times 10^{\pm n}$ 的形式,其中 a 是由 1 位整数和若干小数位组成的尾数部分,n 是指数部分。在 PHP 网页程序中采用 $x=\pm aE\pm n$ 的形式表示浮点数。

例如,数值"12345"用 PHP 语句的表示方法是:

$data_f1=1.2345E+4。

【例 6.2】 设计文件名是 e6_2.php 的网页程序,参见图 6.2。网页程序的设计要求如下:

(1) 网页的标题栏显示"PHP 数值变量的使用"。

(2) 练习数值变量的赋值和显示方法。

图 6.2 例 6.2 网页程序的浏览结果

e6_2.php 网页程序的代码如下:

```
(1)   <?
(2)   //练习 1 十进制数的赋值和显示
(3)     $data_1= 12345 ;
(4)     print '< br> 十进制数 $ data_1= '.$data_1 ;
(5)   // 练习 2 浮点数的赋值和显示
(6)     $data_2= 12345678901234567890123456789 ;
```

```
(7)     print '<br>浮点数$data_2= '.$data_2;
(8)     $data_3= 0.0000012345;
(9)     print '<br>浮点数$data_3= '.$data_3;
(10)    ?>
```

例题分析：本例题练习数值型数据的赋值和显示方法。

(1) 第(4)条语句 print 语句是显示语句，"."是连接符号。

print 语句及字符串变量用单引号还是双引号需要特别注意。单引号的内容不经过编译器解释，直接输出。双引号的内容会经过编译器解释，当作 HTML 代码输出。由于 PHP 网页程序的 "，'，*，/，\，$，;等符号在程序语句中有特殊的含义，如果把这些符号当作普通字符处理，需要用转义符号(\)将其转义。

(2) 第(6)条、第(8)条语句是变量赋值的语句，在显示时采用浮点数表示。

2．字符类型

字符类型是计算机最常见的数据类型，字符类型的数据可以由字母、数字和特殊符号组成，给字符串赋值要用""""(双引号)或"'"(单引号)引起来。例如：

$str1＝"China";   用双引号(")赋值。
$str2＝'北京';   用单引号(')赋值。
$str3＝$str1.$str2   用连接符号(.)赋值，表示两个字符串连接。$str3 的结果是
                    "China 北京"。

【例 6.3】 设计文件名是 e6_3.php 的网页程序，网页程序的设计要求如下：

(1) 网页的标题栏显示"PHP 字符串变量的使用"。

(2) 练习字符串变量的赋值和显示方法。

得到如图 6.3 所示的浏览结果。

图 6.3　例 6.3 网页程序的浏览结果

e6_3.php 网页程序的代码如下：

```
(1)     <?
(2)     //字符变量赋值时用双引号或单引号。
(3)     $str1= "China"; $str2= '北京';
(4)     //print 语句双引号里可以显示变量的结果。
(5)     print "欢迎到 $str2<br>";
(6)     //print 语句单引号里显示变量的结果要分别处理。
(7)     print '欢迎到 '.$str1.'<br>';
(8)     //.是连接符号,$str1,$str2 两个字符串变量连接。
```

```
(9)      $str3= $str1.$str2;
(10)     $str4= $str2.$str1;
(11)     $str5= $str6= $str7= $str3;  //连续赋值。
(12)     print "欢迎到 $str3<br>";
(13)     print "欢迎到 $str4<br>";
(14)  ?>
```

例题分析：本例题练习字符类型数据的赋值和显示处理的方法。注意分析第(5),(7),(12),(13)条语句,利用 print 语句显示字符变量的结果。

3. 布尔类型

布尔型数据的值是"true"(实值是"1")或"false"(实值是"空值")。例如

$bool_1= true; $bool_2= false;

显示 $bool_1 的结果是"1",显示 $bool_2 的结果屏幕上没有内容。

6.2.3　PHP 语言的运算符

运算符是变量之间操作的符号。这里介绍 PHP 程序设计语言提供的常用运算符。

1. 算术运算符

算术运算符是对数值型数据进行操作的符号,其操作的结果是数值。常用的算术运算符如表 6.1 所示。

表 6.1　常用的算术运算符

符号	说明	符号	说明
＋	加法运算,$x+$y 的结果是 24	－	减法运算,$x－$y 的结果是 16
*	乘法运算,$x*$y 的结果是 80	/	除法运算,$x/$y 的结果是 5
%	取余数运算,$x%$y 的结果是 0	**	幂运算,$x**2 的结果是 400

注：假定 $x＝20,$y＝4。

2. 逻辑运算符

逻辑运算操作的结果是"1"或"空值"。常用的逻辑运算符如表 6.2 所示。

表 6.2　常用的逻辑运算符

符号 1	符号 2	说明	示例	说明
＝＝		全等比较	$x＝＝$y	如果 $x 与 $y 相等,那么示例的结果是"1"; 否则示例的结果是"空值"
not	!	非运算	! $x	如果 $x 是"1",那么示例的结果是"空值"; 如果 $x 是"空值",那么示例的结果是"1"
or	||	或运算	$x || $y	如果 $x 或 $y 任一是"1",那么示例的结果是"1",否则示例的结果是"空值"
and	&&	与运算	$x && $y	如果 $x 和 $y 都是"1",那么示例的结果是"1",否则示例的结果是"空值"
xor		异或运算	$x xor $y	如果 $x 和 $y 不相同,那么示例的结果是"1",否则示例的结果是"空值"

3. 组合赋值运算符

常用的组合赋值运算符如表 6.3 所示。

表 6.3 组合赋值运算符

运算符	说明	示例	展开式	结果
＋＝	加法操作	＄d＋＝5	＄d＝＄d＋5	＄d＝25
－＝	减法操作	＄d－＝5	＄d＝＄d－5	＄d＝15
＊＝	乘法操作	＄d＊＝5	＄d＝＄d＊5	＄d＝100
／＝	除法操作	＄d／＝5	＄d＝＄d／5	＄d＝4
％＝	取余数操作	＄d％＝5	＄d＝＄d％5	＄d＝0
.＝	字符连接操作	＄s.＝"ab"	＄s＝＄s."ab"	＄d＝"abcdab"
＋＋	加1操作	＄d＋＋	＄d＝＄d＋1	＄d＝21
－－	减1操作	＄d－－	＄d＝＄d－1	＄d＝19

注：假定 ＄s＝"abcd"，＄d＝20。

6.2.4 PHP 语言的表达式

表达式是由常量、变量、函数及运算符组成的式子。表达式的结果保存到一个变量中。表达式中出现的常量或变量一定是相同数据类型的数据，如果数据类型不同，那么需要用转换函数转换后才能运算，否则不能得到结果。

1. 赋值表达式

赋值表达式是给变量赋值的表达式。其中变量名在等号的左侧，变量值在等号的右侧。例如：

＄str1＝"China"； ＄str2＝'北京'； ＄str3＝＄str1.＄str2； ＄str4＝＄str5＝"北京"；
＄bool_1＝true； ＄bool_2＝false；

2. 算术表达式

算术表达式要求变量的数据类型必须是数值类型的数据。例如：

＄d1＝123； ＄d2＝456； 将数值 123 赋给变量 ＄d1，数值 456 赋给变量 ＄d2。
＄d3＝＄d1＋＄d2＊2； 将算术表达式的结果保存到 ＄d3。
＄d4＝＄d3／3； ＄d4 是 ＄d3 除以 3 的结果。
＄d5＝＄d3％3； ＄d5 是 ＄d3 除以 3 所得到的余数的结果。

3. 字符表达式

字符表达式要求变量的数据类型必须是字符型的数据。在程序处理中字符表达式用的很多，对字符数据的处理要求也很多，例如字符串连接、取子串、计算字符长度、查找字符串等都是对字符数据加工的。

【例 6.4】 设计文件名是 e6_4.php 的网页程序，网页程序的设计要求如下：

(1) 网页的标题栏显示"PHP 表达式的使用"。

(2) 练习字符变量赋值、显示和表达式的使用方法。

得到如图 6.4 所示的浏览结果。

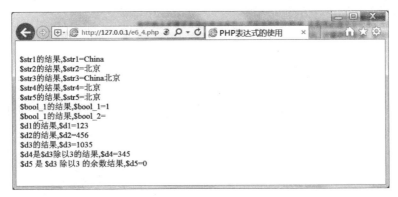

图 6.4　例 6.4 网页程序的浏览结果

e6_4.php 网页程序的代码如下：

```
(1)   <? php
(2)   // 给变量赋值成为字符串。
(3)   $str1= "China"; print '<br> $str1 的结果,$str1= '.$str1;
(4)   $str2= "北京"; print '<br> $str2 的结果,$str2= '.$str2;
(5)   $str3= $str1.$str2;  // 将字符串 $str1 和 $str2 连接
(6)   print '<br> $str3 的结果,$str3= '.$str3;
(7)   $str4= $str5= "北京";  // 将字符串"北京"同时赋值给 $str4、$str5
(8)   print '<br> $str4 的结果,$str4= '.$str4;
(9)   print '<br> $str5 的结果,$str5= '.$str5;
(10)  // 给变量赋值为逻辑值,逻辑值的结果用数字表示 1 或空值表示
(11)  $bool_1= True; $bool_2= False;
(12)  print '<br> $bool_1 的结果,$bool_1= '.$bool_1;
(13)  print '<br> $bool_2 的结果,$bool_2= '.$bool_2;
(14)  // 将数值 123 赋值给变量 $d1,数值 456 赋值给变量 $d2
(15)  $d1= 123;    print '<br> $d1 的结果,$d1= '.$d1;
(16)  $d2= 456;    print '<br> $d2 的结果,$d2= '.$d2;
(17)  // 将算术表达式的结果保存到 $d3
(18)  $d3= $d1+ $d2* 2;  print '<br> $d3 的结果,$d3= '.$d3;
(19)  $d4= $d3/3;   // $d4 是 $d3 除以 3 的结果
(20)  print '<br> $d4 是 $d3 除以 3 的结果,$d4= '.$d4;
(21)  $d5= $d3% 3;   // $d5 是 $d3 除以 3 的余数的结果
(22)  print '<br> $d5 是 $d3 除以 3 的余数结果,$d5= '.$d5;
(23)  ?>
```

例题分析：本例题练习数值类型、字符类型和逻辑类型数据的赋值和显示处理的方法。

6.3 PHP 语言的数组

6.3.1 数组的定义

数组是带有下标的变量,根据数组的下标将数组设定成为一维数组和多维数组,其中一维数组和二维数组比较常用。

例如,数组变量＄d[]表示定义＄d[]是一维数组变量。其中"d"是数组名,数组的名称要遵守变量的命名规则。"[]"是数组下标,数组变量的单元分别是＄d[0],＄d[1],＄d[2],＄d[3],…,＄d[n]。数组的值可以是数值类型或字符类型。

同理,＄d_v[][]表示二维数组变量。

6.3.2 数组的初始化

常用的定义数组方法有:

1. 利用赋值语句定义数组

下列语句表示定义数组＄d[3]并设定初始值:

```
＄d[0]= 123; ＄d[1]= 456; ＄d[2]= 789;
```

2. 利用 array( )函数定义数组

```
＄d= array(123,456,789) ;
```

表示＄d是数组共3个单元,＄d[0]=123,＄d[1]=456,＄d[2]=789。

```
＄city= array("北京","上海","天津","重庆") ;
```

表示＄city是数组共4个单元,＄city[0]="北京",＄city[1]="上海",＄city[2]="天津",＄city[3]="重庆"。

```
＄d_v= array(array(23,27,24),array(14,16,19),array(31,35,33));
```

表示＄d_v[ ][ ]是二维数组,＄d_v[0][0]=23,＄d_v[0][1]=27,＄d_v[0][2]=24,＄d_v[1][0]=14,＄d_v[1][1]=16,＄d_v[1][2]=19,＄d_v[2][0]=31,＄d_v[2][1]=35,＄d_v[2][2]=33。

6.3.3 数组的操作函数

1. 数组的操作函数

在设计网页程序时,数组变量的使用比较方便。PHP 程序设计语言提供了一系列对数组操作的函数,利用这些函数可以灵活地加工数组的数据。常用的数组操作函数包括:

(1) 显示数组的值。

格式:print_r(数组变量名)

(2) 计算数组元素的个数。

格式:count(数组变量名)

(3) 计算数组元素的总和。
格式：array_sum（数组变量名）
2. 数组的操作函数的应用

【例 6.5】 设计文件名是 e6_5.php 的网页程序，网页程序的设计要求如下：
(1) 网页的标题栏显示"数组变量的应用"。
(2) 练习数组数据的加工方法。
得到如图 6.5 所示的浏览结果。

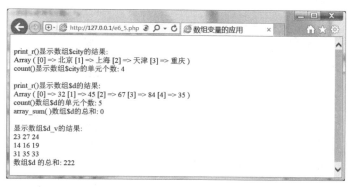

图 6.5 例 6.5 网页程序的浏览结果

e6_5.php 网页程序的代码如下：

```
(1)  <?php
(2)  //定义一维数组并设定初始值。数组保存字符数据
(3)  $city= array('北京','上海','天津','重庆');
(4)  print '<br>print_r()显示数组$city的结果:<br>';
(5)  print_r($city);
(6)  print '<br>count()显示数组$city的单元个数：';
(7)  print count($city);
(8)  //定义一维数组并设定初始值。数组保存数值数据
(9)  $d= array(32,45,67,84,35);
(10) print '<br><br>print_r()显示数组$d的结果:<br>';
(11) print_r($d);
(12) print '<br>count()数组$d的单元个数：';
(13) print count($d);
(14) //定义$d_v[][]二维数组并设定初始值
(15) $d_v= array(array(23,27,24),array(14,16,19),array(31,35,33));
(16) print '<br>array_sum()数组$d的总和：'.array_sum($d);
(17) print '<br><br>显示数组$d_v的结果:<br>';
(18) $d_sum= 0;
(19) for ($i= 0;$i<3;$i++ ) {
(20)     for ($j= 0;$j<3;$j+ + ) {
(21)         print $d_v[$i][$j].'   ';
```

```
(22)              $d_sum= $d_sum+ $d_v[$i][$j];
(23)         }
(24)         print '<br>';   //换行显示
(25)  }
(26)  print '数组$d_v的总和：   '.$d_sum.'<br><br>';
(27)  ?>
```

例题分析：本例题练习数组数据的赋值和显示处理的方法。第(19)~(25)条语句利用双循环语句显示二维数组各单元的数据，同时进行累加求和。请考虑如果没有第(24)条语句结果会怎样？

6.4 PHP语言的函数

函数是对变量加工处理的功能模块，通过调用函数得到函数加工数据的结果。函数包括系统内置函数和自定义函数两类。PHP程序设计语言提供了大量系统内置函数，具体内容可以参见技术手册，本节介绍PHP语言的常用函数。

6.4.1 显示函数、中断函数和调用函数

系统内置函数是PHP软件系统提供的标准函数，有些函数在使用时需要在安装PHP软件时进行特殊配置，否则会出现"未定义函数"的错误提示。

1. print 显示函数

print函数是显示函数，用于显示一个或多个字符串或变量的值。字符串与变量之间用圆点(.)连接。

格式：print〈字符串〉[.〈变量〉]

2. die 中断函数

die( )或exit函数是中断程序函数，程序遇到die或exit语句后程序被终止。

格式：die（〈字符串〉）或 exit

3. include 调用函数

include函数是文件调用函数，用于将一个已经存在的网页程序语句调入到当前程序中执行，利用include函数可以实现网页程序之间交换数据。

格式：include〈文件名〉

【例6.6】 设计文件名是e6_6.php的网页程序，网页程序的设计要求如下：
(1) 网页的标题栏显示"文件调用的应用"。
(2) 调用e6_60.php网页程序。e6_6_0.php给两个变量设置初值。
得到如图6.6所示的浏览结果。

图6.6 例6.6网页程序的浏览结果

e6_60.php 网页程序的代码如下:

```
(1)    <? php
(2)        $ s_1= "中国";   $ s_2= "北京";
(3)    ?>
```

e6_6.php 网页程序的代码如下:

```
(1)    <? php
(2)        $ str= "欢迎到: ";
(3)        print   $ str.$ str_1.$ str_2;   //$ str 有结果,$ str_1 和 $ str_2 无结果
(4)        include "e6_60.php"; //文件调用
(5)        print   "<br>".$ str.$ str_1; //$ str 有结果,$ str_1 的结果来自例 e6_60.php
(6)        print   "<br>".$ str.$ str_2; //$ str 有结果,$ str_2 的结果来自例 e6_60.php
(7)    ?>
```

例题分析:本例题练习文件调用的方法。第(4)条语句在当前文件调用了另外一个文件。

6.4.2 判断变量类型的函数

在程序处理中,对变量的处理要分清数据类型,判断变量类型的函数,能够得到变量的类型。函数的返回值是逻辑值,结果是"1"表示条件成立。

1. is_numeric( )函数

格式:is_numeric(<变量名>)

判断变量是否是数值类型的数据,如果<变量名>是数值类型的数据,那么返回结果是"1"。

2. is_float( )函数

格式:is_float(<变量名>)

判断变量是否是浮点数类型的数据,如果<变量名>是浮点数,那么返回结果是"1"。

3. is_string( )函数

格式:is_string(<变量名>)

判断变量是否是字符类型的数据,如果<变量名>是字符类型的数据,那么返回结果是"1"。

4. is_bool( )函数

格式:is_bool(<变量名>)

判断变量是否是布尔类型的数据,如果<变量名>是布尔类型的数据,那么返回结果是"1"。

5. is_array( )函数

格式:is_array(<变量名>)

判断变量是否是数组类型的数据,如果<变量名>是数组类型的数据,那么返回结果是"1"。

6. isset( )函数

格式:isset(<变量名>)

判断变量是否被设置定义,如果<变量名>被定义设置了值,那么返回结果是"1"。

7. empty( )函数

格式:empty(<变量名>)

判断变量是否被设置是空值,如果<变量名>是空值,那么返回结果是"1"。

【例 6.7】 设计文件名是 e6_7.php 的网页程序,网页程序的设计要求如下:

(1) 网页的标题栏显示"利用函数判别变量的数据类型"。
(2) 利用函数判别变量的数据类型。

得到如图6.7所示的浏览结果。

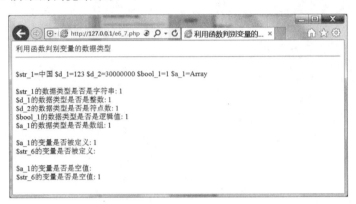

图6.7 例6.7网页程序的浏览结果

e6_7.php网页程序的代码如下：

```
(1)   <? php
(2)    // 变量赋初值
(3)   $str_1="中国";$d_1=123;$d_2=3e+7;$bool_1=true;$a_1=array(21,34,56);
(4)    // 显示变量的初值
(5)   print '<br>$str_1= '.$str_1;
(6)   print '     $d_1= '.$d_1;
(7)   print '     $d_2= '.$d_2;
(8)   print '     $bool_1= '.$bool_1;
(9)   print '     $a_1= '.$a_1;
(10)   // 显示变量的数据类型是否是指定的类型,结果为"1"表示"是"
(11)  print '<br><br>$str_1的数据类型是否是字符串: '.is_string($str_1);
(12)  print '<br>$d_1的数据类型是否是整数: '.is_numeric($d_1);
(13)  print '<br>$d_2的数据类型是否是浮点数: '.is_float($d_2);
(14)  print '<br>$bool_1的数据类型是否是逻辑值: '.is_bool($bool_1);
(15)  print '<br>$a_1的数据类型是否是数组: '.is_array($a_1);
(16)   // 显示变量是否被定义,结果为"1"表示"是"
(17)  print '<br><br>$a_1的变量是否被定义: '.isset($a_1);
(18)  print '<br>$str_6的变量是否被定义: '.isset($str_6);
(19)   // 显示变量是否被定义,结果为"1"表示"是"
(20)  print '<br><br>$a_1的变量是否是空值: '.empty($a_1);
(21)  print '<br>$str_6的变量是否是空值: '.empty($str_6);
(22)  ?>
```

例题分析：本例题练习利用函数判别变量的数据类型的处理方法。请对照图6.7仔细分析每一条语句的作用。

6.4.3 字符操作函数

在程序处理中，PHP 程序设计语言提供以下处理字符数据的函数。

1. mb_detect_encoding( )函数

格式：mb_detect_encoding(〈字符串〉,〈编码名称〉)

得到〈字符串〉是 ASCII,UTF-8,GB2312,GBK,BIG5 编码方案中的哪一种。例如：

```
$str= mb_detect_encoding($str,array("ASCII","UTF-8","GB2312","GBK","BIG5"))
```

如果 $str="abcdef"，$result 的结果为 ASCII。

如果网页程序采用 UTF-8 编码方案，$str="数据库"或 $str="数据库 database"，那么 $result 的结果为 UTF-8。

2. iconv( )函数

格式：iconv(〈原编码方案〉,〈新编码方案〉,〈字符串〉)

将〈字符串〉由〈原编码方案〉变换为〈新编码方案〉。例如：

```
$str= iconv("UTF-8","GB2312","数据库"); $str 的结果为 GB2312 编码方案。
```

3. strlen( )函数

格式：strlen (〈字符变量〉)

得到指定的〈字符变量〉的字符个数。

```
$str1= "abcdef"; print strlen($str1); //结果是 6。
$str2= "欢迎学习网页设计技术"; print strlen($str2); //结果是 20。
```

提示：如果网页程序采用 GB2312 编码方案，那么一个汉字按照 2 个字符计算。

4. strcmp( )函数

格式：strcmp (〈字符串 1〉,〈字符串 2〉)

用于比较两个字符变量的大小。如果〈字符串 1〉小于〈字符串 2〉，那么返回结果是"-1"。如果〈字符串 1〉等于〈字符串 2〉，那么返回结果是"0"。如果〈字符串 1〉大于〈字符串 2〉，那么返回结果是"1"。

```
print strcmp("abcdef","acbdef"); //结果是- 1。
print strcmp("张三","李四"); //结果是 1。
```

提示：字符串按照字符的 ASCII 编码的值比较大小。两个字符串比较时，从左侧第 1 个字符开始比较，如果不相等立即返回结果。如果相等，那么继续比较左侧第 2 个字符，……，依次类推，直到得到结果。

5. substr( )函数

格式：substr (〈字符串〉,〈起始位置〉,〈指定长度〉)

从〈字符串〉的〈起始位置〉取得〈指定长度〉的字符串。返回结果是〈字符串〉的子串。

```
print substr("欢迎学习网页设计技术",4,12); //结果是学习网页设计。
```

提示：字符串计数从左侧开始依次是 0,1,2,…，取子串时务必确定好起始位置。

6. substr_count（ ）函数

格式：substr_count(〈字符串1〉,〈字符串2〉)

计算〈字符串2〉在〈字符串1〉中出现的次数，返回结果是数值。

```
print substr_count("欢迎学习网页设计技术","网页"); //结果是1。
```

7. strops（ ）函数

格式：strpos(〈字符串1〉,〈字符串2〉)

计算〈字符串2〉在〈字符串1〉中出现的位置。

```
print strpos("欢迎学习网页设计技术","网页"); //结果是8。
```

8. strstr（ ）函数

格式：strstr(〈字符串1〉,〈字符串2〉)

搜索〈字符串2〉在〈字符串1〉中的第一次出现。该函数返回〈字符串1〉从匹配点开始的其余部分。如果未找到所搜索的字符串，则返回空值。

```
print strstr("myemail@ sina.com","@ "); //结果是@ sina.com。
```

9. trim（ ）函数

格式：trim(〈字符串〉)

用于去掉〈字符串〉左、右侧的空格、换行符号、Tab符号。

10. strtolower（ ）函数

格式：strtolower(〈字符串〉)

用于将〈字符串〉中的字母变成小写字母。

11. strtoupper（ ）函数

格式：strtoupper(〈字符串〉)

用于将〈字符串〉中的字母变成大写字母。

【例6.8】 设计文件名是e6_8.php的网页程序，网页程序的设计要求如下：

（1）网页的标题栏显示"字符串操作函数的应用"。

（2）练习字符串操作函数的应用。

得到如图6.8所示的浏览结果。

图6.8 例6.8网页程序的浏览结果

e6_8.php 网页程序的代码如下：

```
(1)   <?    //本页面采用utf-8编码方案 一个汉字3个字节。
(2)   // strlen()函数
(3)   $str1="abcdef"; $str2="欢迎学习网页设计技术"; $str3="网页设计";
(4)   $len_str1=strlen($str1);
(5)   $len_str2=strlen($str2);
(6)   $len_str3=strlen($str3);
(7)   print '<br>$str1='.$str1.'字符个数:'.$len_str1;
(8)   print '<br>$str2='.$str2.'字符个数:'.$len_str2;
(9)   print '<br>$str3='.$str3.'字符个数:'.$len_str3;
(10)  //strcmp()函数
(11)    $str1="abcdef"; $str2="def"; $str3=strcmp($str1,$str2);
(12)    print '<br><br>$str1='.$str1.'$str2='.$str2;
(13)    print '   $str3=strcmp($str1,$str2)结果:'.$str3;
(14)    //substr()函数 字符串计数从左侧开始依次0,1,2...
(15)    $str1="abcdef"; $str2=substr($str1,3,2);
(16)    print '<br>$str1='.$str1."$str2=substr($str1,3,2)结果是:'.$str2;
(17)    $str1="欢迎学习网页设计技术"; $str2=substr($str1,6,18);
(18)    print '<br>$str1='.$str1.'$str2=substr($str1,5,18)结果是:'.$str2;
(19)  //substr_count()函数
(20)    $str1="abcdefcdef"; $str2="cd"; $str3=substr_count($str1,$str2);
(21)    print '<br><br>$str1='.$str1.' $str2='.$str2;
(22)    print ' $str3=substr_count($str1,$str2)'.'结果是:'.$str3;
(23)    $str1="欢迎学习网页设计技术"; $str2="网页";
(24)    $str3=substr_count($str1,$str2);
(25)    print '<br>$str1='.$str1.' $str2='.$str2;
(26)    print ' $str3=substr_count($str1,$str2)'.'结果是:'.$str3;
(27)  //strpos()函数
(28)    $str1="abcdef"; $str2="cd"; $str3=strpos($str1,$str2);
(29)    print '<br><br>$str1='.$str1.' $str2='.$str2;
(30)    print ' $str3=strpos($str1,$str2)'.'结果是:'.$str3;
(31)    $str1="欢迎学习网页设计技术"; $str2="网页";
(32)    $str3=strpos($str1,$str2);
(33)    print '<br>$str1='.$str1.' $str2='.$str2;
(34)    print ' $str3=strpos($str1,$str2)'.'结果是:'.$str3;
(35)  // strstr($str1,$str2)函数
(36)    $str1="myemail@sins.com"; $str2="*";
(37)    $str3=strstr($str1,$str2);
(38)    print '<br><br>$str1='.$str1.' $str2='.$str2;
(39)    print ' $str3=strstr($str1,$str2)'.'结果是:'.$str3;
(40)  // strtoupper函数
```

```
(41)      $str1= "abCDef";
(42)      print '<br><br>$str1= '.$str1;
(43)      print'用 strtoupper 函数变换成大写:'.strtoupper($str1);
(44)      print '<br>$str1= '.$str1;
(45)      print'用 strtolower 函数变换成小写:'.strtolower($str1);
(46)      ?>
```

例题分析：请仔细分析每条语句的含义。理解字符操作函数的使用方法。本网页页面采用 UTF-8 编码方案一个汉字占 3 个字节，如果网页页面采用 GB2312 编码方案一个汉字占 2 个字节，程序的结果将有变化。

6.4.4 日期操作函数

日期操作函数用于处理日期数据。例如，很多网站的网页页面上可以看到显示当时的日期、时间和问候语的网页。另外，会员注册的应用程序中，需要记录会员注册时间的信息，这些操作都要用到与日期操作有关的函数。

1. 时间戳

PHP 系统的时间戳是自 1970 年 1 月 1 日 0 时 0 分 0 秒到目前为止的总秒数。利用 time( )函数能够得到目前时刻的时间戳。计算机根据时间戳，能够处理与日期、时间有关的数据。

计算 1 天秒数总和的公式：1 天的秒数＝24 小时×60 分/小时×60 秒/分＝86 400 秒。

2. time( )函数

获取目前时刻的时间戳。

格式：time( )

计算目前时刻的时间戳的方法是：

```
$time_now= time( );
```

计算 100 天以后的时间戳的方法是：

```
$time_next100= time( )+ 100* 86400;
```

计算 100 天以前的时间戳的方法是：

```
$time_last100= time( )- 100* 86400;
```

3. date( )函数

得到日期和时间的函数。

格式：date(<显示格式>,[<时间戳>])

date( )函数按照指定<显示格式>的要求，得到指定<时间戳>的日期和时间。如果省略<时间戳>，表示显示当天的日期和时间。表 6.4 说明的是 date( )函数<显示格式>的参数。

表 6.4 date( )函数的格式参数

格式	说明及其返回值
Y/y	显示年份,选择 Y 用四位表示年份,选择 y 用两位表示年份
m/n	显示月份,选择 m 用 01~12 表示月份,选择 n 用 1~12 表示月份
d/j	显示日,选择 d 用 01,02,…,31 表示日,选择 j 用 1,2,…,31 表示日
D/l	显示当前日期是星期几。选择 D 用 Mon,…,Sat 表示,选择 l 用 Monday,…,Saturday 表示
a/A	显示小写或大写的 am/pm 或 AM/PM
h/H	显示时,选择 h 用 1~12 表示时,选择 H 用 0~23 表示时
i	显示分,结果是 00~59
s	显示秒,结果是 00~59
t	显示当前日期的月份共几天。结果是 28~31
W	显示当前日期是第几周。结果是 1~52
z	显示当前日期是一年中的第几天
T	本机所在的时区

4. checkdate( )函数

测试指定的日期是否存在。

格式:checkdate(〈月〉,〈日〉,〈年〉)

checkdate( )用于判断指定的日期是否存在。如果日期正确该函数的返回值是"1",否则返回值是"空值"。

提示:借助 checkdate( )函数可以判断一个人输入的 18 位身份证号出生日期的有效性。

【例 6.9】 设计文件名是 e6_9.php 的网页程序,网页程序的设计要求如下:

(1)网页的标题栏显示"日期函数的应用"。

(2)利用 checkdate( )处理日期数据。

得到如图 6.9 所示的浏览结果。

图 6.9 例 6.9 网页程序的浏览结果

e6_9.php 网页程序的代码如下:

```
(1)    <?
(2)    // 推断一个 18 位身份证号出生日期的有效性。
(3)    $id='110102199602293013';
(4)    //得到年月日字符串从左侧 0 开始计数。
(5)    $y= substr($id,6,4); //得到出生的年。
```

```
(6)     $m= substr($id,10,2); //得到出生的月.
(7)     $d= substr($id,12,2); //得到出生的日.
(8)     print "<br>身份证号：$id<br>出生日期：$y年 $m月 $d日 ";
(9)     if ( checkdate($m,$d,$y)) //借助 checkdate()函数判断日期的有效性.
(10)     print '<br>出生信息有效.';
(11)    else
(12)     die('<br>出生日期信息无效.');
(13) ?>
```

例题分析：本例题只说明从给定的身份证号提取持证人出生日期的方法和检测日期是否有效的技术。18位身份证编码规则是身份证的左侧第 7~15 位是持证人的出生日期信息。第(5)~(7)条语句得到出生的年、月、日。第(9)条语句检测出生日期是否有效。如何获得持证人的年龄呢？在第(12)条语句后加入下列语句即可：

```
$age= date("Y")- $y;              //用系统的年份与持证人出生的年份可以计算年龄
print "<br>持证人年龄：$age";      //显示年龄
```

6.4.5 正则表达式

1. 正则表达式

正则表达式是 PHP 技术提供的将文本与规范模式进行匹配的技术，利用正则表达式的模式匹配 preg_match()函数能够检测用户输入的身份证号、电子邮箱、手机号码等文本内容是否能与规范的模式匹配，以此作数据检测。

2. 正则表达式的语法含义

正则表达式由普通字符和元字符组成。普通字符包括大小写的字母和数字，元字符用于模式匹配，具有特殊的含义。表 6.5 列出了所有元字符的含义说明。

表 6.5 正则表达式元字符的含义说明

元字符	描述
.（点）	匹配任何单个字符。例如正则表达式 a.c 匹配，由 3 个字母组成的字符串，其中第 2 个字符任意，如 aac,alc,a#c 等
$	匹配字符串的结尾。例如正则表达式 t$ 能够匹配最后 1 个字母是 t 的字符串
^	匹配一行的开始。例如正则表达式 ^What 能够匹配以"What"字符串开始的行
*	匹配 0 或多个正好在它之前的那个字符。例如正则表达式 to*a 匹配最后 1 个字母是 a，它前面是 t,o,to 的任何字符，如 toa,ta,oa,to123a
/	这是转义符，用来将列出的元字符当作普通的字符匹配。例如正则表达式 /* 用来匹配 * 字符
[ ] [c1-c2] [^c1-c2]	匹配[ ]中的任何一个字符。例如正则表达式 l[ao]w 匹配 law,low。可以在括号中使用连字符-来指定字符的区间，例如正则表达式[0-9]可以匹配任何数字字符；也可以指定多个区间，例如正则表达式[A-Za-z]可以匹配任何大小写字母。还有一个用法是"除外"，要想匹配除了指定区间之外的字符，应该在左边的括号和第一个字符之间使用^字符，例如正则表达式[^09A-Z]匹配除了 0,9 和所有大写字母之外的任何字符

续表

元字符	描述
( )	用于定义一个子模式
|	从多个选项选择其一匹配,条件进行逻辑"或"运算。例如正则表达式(com|cn|net)匹配com,cn,net
+	匹配1或多个正好在它之前的那个字符。例如正则表达式9+匹配9,99,999等
{i} {i,j}	匹配指定数目的字符。例如正则表达式A[0—9]{2}能够匹配字符"A"后面跟着正好2个数字字符的串,例如A12,A34等。而正则表达式[0—9]{2,4}匹配连续的任意2个、3个或者4个数字字符

正则表达式能够描述文本的规范模式,例如,11位手机号的正则表达式可以描述为首位为数字1,其余各位为10位数字符号,即 /^1+/d{10}$/。

再如,$id 保存18位身份证号,其规范模式是左侧依次:第1~6位表示地区,其中第1位为数字符号即 ^[1—9];第2~5位为数字符号即 /d{5};第7~8位表示年份的前两位是18或19或20 即18|19|20;第9~10位表示年份的后两位为数字符号即/d{2};第11~12位表示月即 0[1—9]|10|11|12;第13~14位表示日即[0—2][1—9]|10|20|30|31;第15~17位为数字符号即/d{3};第18位为数字符号或X或x即[0—9Xx]。所以,18位身份证号的规范模式为:

"/^[1—9]+/d{5}+(18|19|20)+/d{2}+((0[1—9])|(1[0—2]))+(([0—2][1—9])|10|20|30|31)+/d{3}+[0—9Xx]$/"

正则表达式只能够匹配变量是否符合标准的模式规范,不能检测是否有意义。例如,针对身份证号的模式匹配,按照模式不能检测提供的日期是否正确,例如,身份证号的第7~14位19960230 正则表达式认为是匹配的,但是该日期是不存在的,因此利用正则表达式进行数据检测还需要利用其他函数进行修正检测。

3. 执行正则表达式匹配的语句

正则表达式用于进行文本的模式匹配,利用 preg_match( ) 进行模式匹配。格式:

```
preg_match (〈规范模式〉,〈文本〉)
```

如果〈文本〉在〈规范模式〉中匹配成功,返回结果为真值,否则返回结果为假值。

例如,$id 保存18位身份证号,模式匹配的语句为:

```
$patten= "/^[1—9]+ /d{5}+ (18|19|20)+ /d{2}+ ((0[1—9])|(1[0—2]))+
    (([0—2][1—9])|10|20|30|31)+ /d{3}+ [0—9Xx]$/";
preg_match ($patten,$id)
```

其中/…$/表示模式开始和终止。^表示首位符号,[1—9]表示任意1位1~9符号。/d 表示数字符号,{ }表示共有几位符号。18|19|20 表示18或19或20之一,[Xx0—9]表示任意1位字母 Xx 或数字符号0~9。$表示进行完整匹配。

【例6.10】 设计文件名是 e6_10.php 的网页程序,网页程序的设计要求如下:利用正则表达式检测电子邮件的名称和身份证号是否符合规范。

e6_10.php 网页程序的代码如下:

```
(1)  < ?
(2)     $str= "my_email@sina.com"; //邮箱名称
(3)     $patten= "/^([a-zA-Z0-9_-]*)+@([a-zA-Z0-9_-]*)+(/.[a-zA-Z0-9_-]*)+$/";
(4)     if (preg_match($patten,$str))
(5)       print $str."正确的邮箱格式!";
(6)     else
(7)       print $str."错误的邮箱格式!";
(8)     print "<br><br>";
(9)     $id= "11010119880808301x"; //身份证号
(10)    $patten= "/^[1—9]+/d{5}+(18|19|20)+/d{2}+((0[1—9])|(1[0—2]))+
                  (([0—2][1—9])|10|20|30|31)+/d{3}+[0—9Xx]$/";
(11)    if (preg_match($patten,$id))
(12)      print $id."正确的身份证号格式!";
(13)    else
(14)      print $id."错误的身份证号格式!";
(15)  ? >
```

例题分析：第(3)条语句是匹配邮箱的模式语句。^([a-zA-Z0-9_-])表示以大小写字母、数字和下划线"_"开始。*表示多个符号。+@表示加@符号。([a-zA-Z0-9_-])表示大小写字母、数字和下划线。\.表示普通符号点"."。第(10)条语句是匹配身份证号的模式语句。

6.5 PHP 语言的控制语句

设计网页程序的目的是解决数据处理的问题，对于数据处理的问题经过分析后可以将问题细化成若干步骤，设计程序就是设计解决问题步骤的逻辑语句。在设计程序时，解决问题的步骤可以用语句完成，每一个处理步骤细化后，能够用 PHP 的语句表示，语句的集合构成了程序。语句既可以顺序执行，也可以有条件地执行，还可以重复执行。因此 PHP 语言提供了顺序结构、分支结构和循环结构语句作为程序的控制语句，用于解决各类应用问题，如图6.10所示。

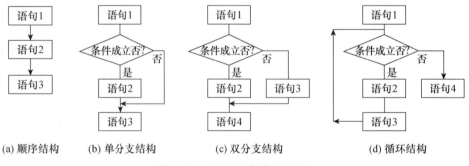

图 6.10　PHP 语言控制语句

6.5.1 顺序结构的语句

顺序结构的语句是指每一条语句顺序执行一次。参见图 6.10(a)，顺序结构程序的语句执行流程是〈语句 1〉、〈语句 2〉、〈语句 3〉。

【例 6.11】 设计文件名是 e6_11.php 的网页程序，网页程序的设计要求如下：
(1) 网页的标题栏显示"顺序结构程序"。
(2) 网页页面标题"显示给定身份证的相关信息"。
(3) 给定一个正确格式的身份证号，显示持证人的出生年月日信息。
得到如图 6.11 所示的浏览结果。

图 6.11　例 6.11 网页程序的浏览结果

e6_11.php 网页程序的代码如下：

```
(1)   <?
(2)   $id= "110102198603293013";
(3)   //得到出生的年月日,字符串从左侧 0 开始计数
(4)   $y= substr($id,6,4);           //得到出生的年
(5)   $m= substr($id,10,2);          //得到出生的月
(6)   $d= substr($id,12,2);          //得到出生的日
(7)   print "<br>身份证号: $id ";
(8)   print "<br>出生日期: $y 年 $m 月 $d 日 ";
(9)   ?>
```

例题分析：$id 表示一个身份证号，第(4)～(6)条语句得到持证人的出生年月日。第(7)～(8)条语句显示持证人的信息。该程序所有语句顺序执行。

6.5.2　分支结构的语句

1. 分支结构语句概述

分支结构的语句也称作条件语句，包括单分支语句（如 if...）、双分支语句（如 if... else...）、多分支语句（如 switch...）。分支结构的语句由〈条件表达式〉、〈分支结构语句体〉组成。

分支结构是根据〈条件表达式〉的结果，决定〈分支结构语句体〉的执行情况。当〈条件表达式〉的结果是逻辑值"1"（即条件成立）时，执行〈分支结构语句体〉的语句，否则不执行〈分支结构语句体〉的语句。分支结构的〈条件表达式〉可以是单一条件，也可以是复合条件。〈分支结构语句体〉可以有一条语句也可以有多条语句，如果〈分支结构语句体〉有多条语句，那么〈分支结构语句体〉需要用"{ }"标记出来。语句体中每一条语句必须用分号（;）作为语句的结束，

一行可以写多条语句。

2. 单分支语句

语句格式： if （〈条件表达式〉） {

　　　　　　　　〈分支结构语句体〉

　　　　　　}

语句流程：参见图 6.10（b），单分支结构程序的语句执行过程是：先执行〈语句 1〉，如果条件成立，那么执行〈语句 2〉，然后执行〈语句 3〉；如果条件不成立，那么执行〈语句 3〉。单分支结构的语句执行流程是〈语句 1〉、〈语句 2〉、〈语句 3〉或〈语句 1〉、〈语句 3〉。

3. 双分支语句

语句格式： if （〈条件表达式〉） {

　　　　　　　　〈分支结构语句体 1〉

　　　　　　} else {

　　　　　　　　〈分支结构语句体 2〉

　　　　　　}

语句流程：参见图 6.10（c），双分支结构程序的语句执行过程是：先执行〈语句 1〉，如果条件成立，那么执行〈语句 2〉，然后执行〈语句 4〉；如果条件不成立，那么执行〈语句 3〉，然后执行〈语句 4〉。双分支结构的语句执行流程是〈语句 1〉、〈语句 2〉、〈语句 4〉或〈语句 1〉、〈语句 3〉、〈语句 4〉。

【例 6.12】 设计文件名是 e6_12.php 的网页程序，网页程序的设计要求如下：

(1) 网页的标题栏显示"分支结构程序"。

(2) 网页页面"显示给定身份证的相关信息"。

(3) 给定一个身份证号，显示持证人的出生年月日、年龄和性别信息。

得到如图 6.12 所示的浏览结果。

图 6.12　例 6.12 网页程序的浏览结果

e6_12.php 网页程序的代码如下：

```
(1)     < ?
(2)     // 利用正则表达式检测身份证号规范性
(3)     $ id= "110102198602283013";
(4)     $ patten= "/^[1—9]+ /d{5}+ 18|19|20+ /d{2}+ (0[1—9])|(10|11|12)+
(5)             ([0—2][1—9]|10|20|30|31)+ /d{3}+ [0—9Xx]$ /";
(6)     if (! preg_match($ patten, $ id)) {
(7)         die ("身份证号格式错误！身份证号必须是 18 位数字符号");
```

```
(8)      }
(9)      // 检测身份证号的出生年月日是否有效
(10)     if (! checkdate(substr($id,10,2),substr($id,12,2),substr($id,6,4))) {
(11)         die ("身份证号出生日期错误");
(12)     }
(13)     //得到出生的年月日,字符串从 0 开始计数
(14)     $y= substr($id,6,4);        //得到出生的年
(15)     $m= substr($id,10,2);       //得到出生的月
(16)     $d= substr($id,12,2);       //得到出生的日
(17)     print "<br>身份证号：$id ";
(18)     print "<br>出生日期：$y 年 $m 月 $d 日 ";
(19)     // 根据身份证号的第 17 位是奇数还是偶数显示性别
(20)     if (substr($id,16,1)% 2= = 0) //判断性别的表示方法
(21)         print "<br>性别：女 ";
(22)     else
(23)         print "<br>性别：男 ";
(24)     ?>
```

例题分析：第(4)～(8)条语句利用正则表达式检测 18 位身份证号是否有效。第(10)～(12)条语句检测 18 位身份证号的出生日期是否符合有效。第(14)～(16)条语句得到 18 位身份证号的出生日期。第(17)～(18)条语句显示持证人的信息；第(20)～(23)条语句显示持证人的性别。

4. 多分支语句

语句格式：switch(〈条件表达式〉){
    case 值 1：
        〈分支结构语句体 1〉
        break；
    case 值 2：
        〈分支结构语句体 2〉
        break；
    …
    default：
        〈分支结构语句体 n〉
        break；
}

语句流程：根据〈条件表达式〉结果值的情况决定执行哪个语句体。

【例 6.13】 设计 e6_13.php 网页程序,设计要求如下：
(1) 网页的标题栏显示"多分支结构程序"。
(2) 显示浏览时刻的时间,根据小时显示对应问候语。
得到如图 6.13 所示的浏览结果。

图 6.13 例 6.13 网页程序的浏览结果

e6_13.php 网页程序的代码如下：

```
(1)  <?
(2)  print "<br>您好！现在时刻:".date("H时i分s秒 ");
(3)  $h= date("H");  //得到当前时刻的小时
(4)  switch($h){
(5)  case $h<=5:
(6)      print "<br>子夜凌晨时刻"; break;
(7)  case $h<=8:
(8)      print "<br>早上好。"; break;
(9)  case $h<=11:
(10)     print "<br>上午好。"; break;
(11) case $h<=13:
(12)     print "<br>中午好。"; break;
(13) case $h<=18:
(14)     print "<br>下午好。"; break;
(15) case $h<=22:
(16)     print "<br>晚上好。"; break;
(17) case $h<=24:
(18)     print "<br>午夜时刻。"; break;
(19) }
(20) ?>
```

例题分析：第(3)条语句得到当前时刻的小时，根据小时显示对应问候语。

6.5.3 循环结构的语句

1. 循环结构语句概述

循环语句(如 while...,for...,do while...)是数据处理中经常用到的语句,包括〈循环条件表达式〉、〈循环结构语句体〉两部分组成。循环语句根据〈循环条件表达式〉的结果,决定〈循环结构语句体〉的执行次数。当〈循环条件表达式〉的结果是逻辑值"1"(即条件成立)时,执行〈循环结构语句体〉的语句,执行完一次循环体,自动检测〈循环条件表达式〉的结果,根据这个结果决定〈循环结构语句体〉是否被继续执行。循环结构的〈循环条件表达式〉可以是单一条件,也可以是复合条件。〈循环结构语句体〉可以有一条语句也可以有多条语句,如果〈循环结构语句体〉有多条语句,那么需要用"{ }"标记出来。语句体中每一条语句必须用分号(;)作为语句的结束,一行可以写多条语句。

语句流程：参见图 6.10（d），循环结构程序的语句执行过程是：先执行〈语句 1〉，如果〈循环条件表达式〉的结果不是逻辑值"1"（即条件不成立），那么执行〈语句 4〉；如果〈循环条件表达式〉的结果是逻辑值"1"（即条件成立），那么执行〈语句 2〉、〈语句 3〉完成一次循环处理操作。每次循环处理完毕后都要判断〈循环条件表达式〉是否成立，如果循环条件成立，那么继续执行〈语句 2〉、〈语句 3〉循环语句体，否则，结束循环处理执行〈语句 4〉。循环结构的语句执行流程是〈语句 1〉、〈语句 4〉或〈语句 1〉、多次〈语句 2〉和〈语句 3〉、〈语句 4〉。

提示：〈循环结构语句体〉中必须有修改〈循环条件表达式〉结果的语句，否则，程序可能会出现无限循环。

2. while 语句

语句格式：while（〈循环条件表达式〉）{
　　　　　　〈循环结构语句体〉
　　　　　};

例如，下列程序段落可以在网页上显示 10 行"欢迎浏览本网站"提示。

```
(1)     〈? php
(2)     $str= "欢迎浏览本网站";
(3)     $i= 1;      //控制循环次数的变量,初值设置成为 1
(4)     while ($i<= 10)  {  //循环总次数是 10
(5)        print "<br>".$str;  //打印 $str
(6)        $i= $i+ 1; //修改循环变量
(7)     }
(8)     ?>
```

例题分析：第(5)~(6)条语句是循环体，将被执行 10 次，每执行一次循环体，循环体变量在原有基础加 1。请思考如何设计网页程序显示 20 行"欢迎浏览本网站"提示。如果将第(4)条语句的等号去掉将是什么结果？

3. for 语句

语句格式：for（[〈循环初值〉];〈循环条件表达式〉;〈修改循环条件〉）{
　　　　　　〈循环体语句〉
　　　　　}

语句流程：设置循环变量的〈循环初值〉;判断循环条件，如果〈循环条件表达式〉的结果不是逻辑值"1"（即条件不成立），就结束循环语句。如果〈循环条件表达式〉的结果是逻辑值"1"（即条件成立），就执行一次〈循环体语句〉，然后执行〈修改循环条件〉的语句。计算机再次判断〈循环条件表达式〉的值，决定是否继续执行〈循环语句〉。

【例 6.14】 设计 e6_14.php 网页程序，设计要求如下：
(1) 网页的标题栏显示"随机数函数 rand( )"。
(2) 利用随机数函数 rand( )产生 10 个随机数，并显示最大的 1 个随机数。
得到如图 6.14 所示的浏览结果。

图 6.14 例 6.14 网页程序的浏览结果

e6_14.php 网页程序的代码如下:

```
(1)  <?
(2)  print "利用随机数函数产生10个随机数:<br>";
(3)  $max= rand();        //产生第一个随机数并假定为当前最大的数;
(4)  print $max;          //显示第一个随机数;
(5)  for ($i=1; $i<10; $i++){
(6)     $d= rand();       //产生新的随机数
(7)     print "<br>".$d;  //打印随机数
(8)     if ($d> $max)     //如果新的随机数比假定的最大数大
(9)        $max= $d;      //新的随机数为假定的最大数
(10) }
(11) print "<br>最大的随机数:$max";  //显示最大的随机数
(12) ?>
```

例题分析:第(3)条语句产生第一个随机数并假定为当前最大的数,rand()是随机数函数,第(6)~(9)条语句共循环9次,每循环一次产生一个随机数保存到变量$d中,同时与假定的最大数进行对比,如果新的随机数比假定的最大数大,新的随机数为假定的最大数。第(11)条语句显示最大的随机数。请思考第(5)条语句的作用,如果没有这条语句会怎样?

4. do … while 语句

语句格式:do{
　　　　　　〈循环体语句〉
　　　　 }while(〈循环条件表达式〉);

语句流程:首先执行〈循环体语句〉中的语句,然后判断〈循环条件表达式〉的结果,如果〈循环条件表达式〉的结果不是逻辑值"1"(即条件不成立),就结束循环语句,如果〈循环条件表达式〉的结果是"1",继续执行〈循环体语句〉的语句,直到〈循环条件表达式〉的结果不是"1"时,执行循环语句以外的语句。

【例 6.15】 设计 e6_15.php 网页程序,设计要求如下:
(1)网页的标题栏显示"随机数函数 rand()的应用"。
(2)利用随机数函数产生 10 个随机数,显示它们的和、平均数、偶数个数和奇数个数。
得到如图 6.15 所示的浏览结果。

图 6.15　例 6.15 网页程序的浏览结果

e6_15.php 网页程序的代码如下：

```
(1)    <?  // 随机产生10个数,显示它们的和、平均数、偶数个数
(2)    $s1= 0; $s2= 0; // $s1 表示偶数个数,$s2 表示奇数个数
(3)    $s= 0; $i= 0; // $s 表示随机数的总和,$i 表示初始变量
(4)    do {
(5)      $d= rand();
(6)      print $d." ";
(7)      $s= $s+ $d; //累计求和
(8)      // 某数除以2以后的余数等于零该数是偶数
(9)      if ($d% 2= = 0)
(10)        $s1= $s1+ 1;
(11)     else
(12)        $s2= $s2+ 1;
(13)     $i= $i+ 1;
(14)   } while ($i< 10);
(15)   print "<br><br>上述十个随机数的总和是:".$s."平均数是:".$s/10;
(16)   print "<br><br>上述随机数偶数个数是:".$s1."奇数个数是:".$s2;
(17)   ?>
```

例题分析：第(5)条语句利用 rand() 随机数函数产生一个随机数保存到变量 $d 中。第(7)条语句对随机数累计求和。第(9)~(12)条语句判断随机数是奇数还是偶数并进行计数。第(15)~(16)条语句显示结果。

提示：应用循环语句时要注意控制循环体语句的执行次数,否则会出现无限循环导致程序无法正常执行。break 语句和 continue 语句是用于控制循环执行次数的语句。可以用这两个语句避免无限循环或者用来控制循环次数的语句。

【例 6.16】　设计 e6_16.php 网页程序,设计要求如下：
(1) 网页的标题栏显示"显示 10 个随机数的最大数和最小数"。
(2) 利用随机数函数产生 10 个随机数,显示最大数和最小数,它们分别排在第几个。
得到如图 6.16 所示的浏览结果。

图 6.16 例 6.16 网页程序的浏览结果

e6_16.php 网页程序的代码如下：

```
(1)  <?
(2)  print "利用随机数函数产生10个随机数:<br>";
(3)  $max=$min=rand();       //产生第一个随机数,假定为当前最大的数和最小的数；
(4)  $max_c=$min_c=1;        //产生最大数和最小数的次序；
(5)  print $max;             //显示第一个随机数；
(6)  for($i=1;$i<=10;$i++){
(7)      $d=rand();          //产生新的随机数
(8)      print "<br>".$d;    //打印随机数
(9)      if($d>$max){        //如果新的随机数比假定的最大数大
(10)         $max=$d;        //新的随机数为假定的最大数
(11)         $max_c=$i;      //产生最大数的次序
(12)     }
(13)     if($d<$min){        //如果新的随机数比假定的最小数小
(14)         $min=$d;        //新的随机数为假定的最小数
(15)         $min_c=$i;      //产生最小数的次序
(16)     }
(17) }
(18) print "<br>最大数:".$max."第".$max_c."次产生";
(19) print "<br>最小数:".$min."第".$min_c."次产生";
(20) ?>
```

例题分析：本例题产生 10 个随机数后，第(3)~(4)条语句先把第一个数假定当作最大的数，同时也假定当作最小的数，因此产生的次序记作为 1。第(5)条语句显示第一个随机数。第(6)~(17)条语句利用循环结构，产生 9 次新的随机数，第(9)~(12)条语句如果新的随机数比最大数还大，那么新来的数是最大数，记录产生的次序。第(13)~(16)条语句如果新的随机数比最小数还小，那么新来的数是最小数，记录产生的次序。第(18)~(19)条语句显示随机数中最大的数和最小的数及其产生的次序。

【例 6.17】 设计 e6_17.php 网页程序，设计要求如下：

(1) 网页的标题栏显示"双重循环打印图形"。

(2) 利用双重循环打印由"*"组成的图形。"*"的个数与所在的行号数相同。

得到如图6.17所示的浏览结果。

图 6.17　例 6.17 网页程序的浏览结果

e6_17.php 网页程序的语句代码：

```
(1)   <?    /* 双重循环打印图形*/
(2)   for($k=1;$k<=10;$k++){
(3)     for($i=1;$i<=$k;$i++)
(4)       print '* '; //显示*
(5)     print "<br> ";
(6)   }
(7)   ?>
```

例题分析：本例题练习双重循环的应用。请思考如果没有第(5)条语句结果会怎样？

【例 6.18】　设计文件名是 e6_18.php 的网页程序，网页程序的设计要求如下：
(1) 网页的标题栏显示"显示乘法口诀表"。
(2) 利用双重循环显示口诀表。

得到如图 6.18 所示的浏览结果。

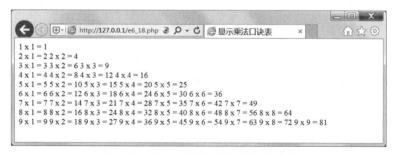

图 6.18　例 6.18 网页程序的浏览结果

e6_18.php 网页程序的语句代码：

```
(1)   <?php
(2)   for($i=1;$i<=9;$i++){
(3)     for($j=1;$j<=$i;$j++){
(4)       $k=$i*$j; //口诀结果
(5)       print "$i x $j = $k  ";
```

```
(6)    }
(7)    print "<br>";
(8)  }
(9) ?>
```

例题分析：本例题练习双重循环的应用。请思考如何显示 4~8 的口诀表。

6.6 自定义函数

6.6.1 自定义函数概述

自定义函数是程序员根据加工数据的需要自行设计的函数，自定义函数包括函数名称、形式参数表、函数的处理算法、返回变量表。自定义函数的格式如下：

function　函数名称(形式参数表){
　　函数的处理算法
　　return　返回变量表
}

函数名称任意设定，通过调用函数名称进行函数处理。函数可以处理来自外部的参数，也可以处理函数自身的数据。函数外部的数据称作形式参数。函数处理数据后的结果能够返回。例如，建立计算长方形面积的函数。

```
(1)  <?php
(2)  function area_l($a,$b) {    //计算长方形的面积,$a表示长,$b表示宽
(3)    if (is_numeric($a) && is_numeric($b))   //判断$a、$b是否是数值
(4)     return $a* $b;              //返回长方形的面积
(5)    else {   // 显示错误提示,返回-1
(6)      print "错误提示：数据类型不匹配。函数输入的参数必须是数值型数据";
(7)      return -1;
(8)    }
(9)  }
(10) ?>
```

其中，第(2)行的 area_l 是函数名称，$a,$b 是形式参数，函数可以没有形式参数，也可以有多个形式参数。第(3)~(8)行是函数的处理过程，如果检测$a,$b是数值，那么计算并返回长方形的面积(即$a与$b的乘积)，否则，显示错误提示，返回结果是"-1"。return是函数返回结果的语句，函数可以有返回结果，也可以没有返回结果。函数通过函数名称调用，例如计算边长是 10,5 的长方形的面积，可以在程序中输入 area_l(10,5)语句。

在实际应用中，可能有多个网页程序调用计算长方形面积的函数，为了便于管理函数，可以建立一个专门保存函数的文件，例如 e6_function.php，在这个文件中能够存储多个函数。其他网页应用程序调用其中的函数时，只要有"include"e6_function.php""语句，就能够调用函数。

6.6.2 自定义函数的应用

自定义函数的应用非常灵活。

【例 6.19】 设计文件名是 e6_function.php 的网页程序,设计以下自定义函数:
(1) square_l($a,$b)计算长方形面积,$a 是长方形的长,$b 是长方形的宽。
(2) square_z($a)计算正方形面积,$a 是正方形的边长。
(3) square_s($a,$b)计算三角形面积,$a 是三角形的底,$b 是三角形的高。
得到如图 6.19 所示的浏览结果。

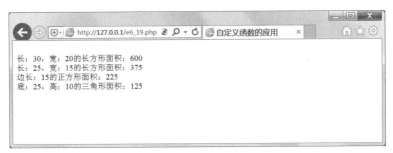

图 6.19 例 6.19 网页程序的浏览结果

e6_19_0.php 网页程序的代码如下:

```
(1)    <?
(2)    function area_l($a,$b) {    //计算长方形的面积,$a 表示长,$b 表示宽。
(3)      if (is_numeric ($a) && is_numeric ($b) )    // 判断$a、$b 是否是数值。
(4)        return $a* $b;            //返回长方形的面积。
(5)      else {    // 显示错误提示,返回-1。
(6)        print "错误提示:数据类型不匹配。函数输入的参数必须是数值型数据";
(7)        return -1;
(8)      } //if 结束
(9)    }//函数结束
(10)   function area_z($a) {    //计算正方形的面积,$a 表示边长。
(11)     if (is_numeric ($a) )    // 判断$a 是否是数值。
(12)       return $a* $a;           // 返回正方形的面积。
(13)     else {    // 显示错误提示,返回-1。
(14)       print "错误提示:数据类型不匹配。函数输入的参数必须是数值型数据";
(15)       return -1;
(16)     }//if 结束
(17)   }//函数结束
(18)   function area_s($a,$b)    {  //计算三角形的面积,$a 表示底,$b 表示高。
(19)     if (is_numeric ($a) && is_numeric ($b)) { // 判断$a、$b 是否是数值。
(20)       $c= $a* $b/2;    //返回三角形的面积
(21)       return $c;
(22)     } else {    // 显示错误提示,返回-1。
```

```
(23)         print "错误提示:数据类型不匹配。函数输入的参数必须是数值型数据";
(24)         return -1;
(25)       }//if 结束
(26)     } //函数结束
(27)  ?>
```

e6_19.php 网页程序的代码如下:

```
(1)  <?
(2)     include "e6_function.php" //调用自定义函数文件
(3)     print "<br>长:30,宽:20 的长方形面积:".area_l(30,20);
(4)     print "<br>长:25,宽:15 的长方形面积:".area_l(25,15);
(5)     print "<br>边长:15 的正方形面积:".area_z(15);
(6)     print "<br>底:25,高:10 的三角形面积:".area_s(25,10);
(7)  ?>
```

例题分析:e6_19.php 网页程序的第(2)条语句调用了函数文件。结合本例设计,计算平行四边形和梯形面积的函数。

本章介绍了设计网络数据库应用程序的基础内容,通过学习变量、运算符和表达式的知识,应当掌握网页程序的基本要素。通过学习函数、控制流程的语句,掌握程序设计的方法,会利用简单算法解决实际应用问题。

思 考 题

1. PHP 网页程序设计语言的功能是什么?
2. 在 PHP 网页程序中由哪些语句部分组成?
3. PHP 的变量名命名规则是什么?
4. PHP 程序能够提供哪些算术运算和逻辑运算?
5. PHP 对数组变量的处理有哪些操作函数?
6. 设计程序显示 100 以内能够被 7 整除的数。
7. 设计程序产生 10 个随机数,将它们从小到大排列显示。
8. 设计程序显示给定身份证号的持证人性别和年龄信息。
9. 设计程序显示给定邮箱名的有效性。
10. 设计打印"*"的程序,第 1 行打印 10 个、第 2 行打印 9 个……第 10 行打印 1 个。

第七章　PHP 程序与网页表单的操作

利用网络数据库应用软件系统可以实现在互联网的客户端与网站服务器之间进行数据的交互处理。在网络数据库应用软件系统的交互处理中,需要利用网页的表单接收数据并且利用 PHP 程序处理输入的数据。

本章介绍利用网页表单接收数据和利用 PHP 程序处理数据的技术,包括以下内容:
➢ 网络交互数据处理的原理,说明 PHP 程序与网页表单的关系。
➢ 网页表单的应用技术和设计表单元素的方法。
➢ PHP 程序处理交互数据的技术。

学习本章要了解利用网页的表单接收数据和利用 PHP 程序处理数据的方法,了解网页程序之间交换数据的原理。掌握利用表单接收数据的技术,掌握利用 PHP 程序处理数据的技术,会设计简单的网页应用程序。

7.1　网页的表单与 PHP 程序

7.1.1　网络数据的交互处理

1. 网络数据的交互处理

网络数据的交互处理是指在网络数据库应用软件系统的控制下,网络的客户端与网站服务器之间的数据加工。浏览者在客户端输入的数据能够保存到网站的 MySQL 数据库,网站服务器端保存的数据也能够提供给浏览者查询,查询的结果显示在网页页面上供浏览者浏览。

网络的交互数据处理涉及利用表单接收数据和利用 PHP 程序处理数据的技术。

2. 网络数据交互处理的应用

网络数据交互处理的应用非常多,例如,网上购物系统的应用,商城网站要显示销售的商品的信息供客户选择。客户购物时要选择商品,将选择的商品放入购物车并进行结算,结算时要填写订单输入个人资料,完成订单后客户随时可以跟踪和查询订单。所以,网络的数据交互处理应用非常广泛。

目前很多网站提供了电子邮箱的服务、论坛发布信息的服务,浏览者利用这些服务可以在网站保存和发布信息。如果希望得到这些服务,浏览者需要在网站注册,只有注册成功后才能够登录到网站,使用网站提供的服务。浏览者注册时,需要在网站提供的注册网页页面填写个人资料,如姓名、密码、身份证号、电话、住址、职业等,这个网页页面就是接收数据的网页程序。当浏览者提交输入的注册资料后,网站处理数据的网页程序需要检测输入的数据是否符合存储规范。例如浏览者输入的姓名必须是 2 个以上汉字,输入的身份证号必须是 18 位数字字符等。如果输入的数据不规范,处理数据的网页程序将显示操作错误的提示;如果输入的数据符合规范,那么浏览者输入的信息将保存到网站服务器的 MySQL 数据库。这个应用案例涉及接收数据的技术和网站处理数据的技术。

在互联网的应用中,很多浏览者希望从网站查询到自己需要的信息,浏览者输入要查询的内容后,网页页面能够显示出信息的查询结果。其中,浏览者输入查询信息的网页页面是接收数据的网页程序,处理数据的网页程序会把信息的查询结果显示出来。这个应用案例涉及接收数据的技术、处理数据的技术和显示数据的技术。

3. 网络数据交互处理的原理

网络数据交互处理的应用一般要设计两个网页程序:

(1) 接收数据的网页程序,文件类型是 htm。

这个网页上利用表单技术,设计表单元素接收浏览者输入的数据。每个表单元素有表单元素名称,浏览者输入的数据保存在对应的表单元素中。网页上设计一个"提交"按钮,浏览者点击"提交"按钮后,表单元素保存的数据通过 post 或 get 技术传送到网站的服务器计算机中,交给处理数据的网页程序加工数据。

(2) 处理数据的网页程序,文件类型是 asp,jsp 或 php。

处理数据的网页程序也称作是脚本应用程序文件,属于动态网页程序。本书介绍利用 PHP 程序处理数据的方法。PHP 程序在网站的服务器中运行,用于处理接收到的表单元素的数据。主要的职能是判断接收数据的有效性,并且进行数据库的管理。如果接收的数据有效,那么处理数据的程序将把数据保存到网站服务器的数据库中,否则网页显示错误提示信息。

7.1.2 表单概述

1. 表单的作用

网页程序的表单具有接收数据的职能,利用表单的文本域、单选按钮、复选框、列表/菜单、提交/重置按钮、文本区域、文件域等元素,浏览者能够在客户端输入数据,经过网络的传输,浏览者输入的数据传送到网站的服务器,经过处理数据的程序处理后,数据能够保存在 MySQL 数据库中。所以,利用表单技术能够设计在客户端接收数据的网页程序,例如注册电子邮箱的网页页面、注册会员的网页页面等用到了表单技术。

2. 表单标签

〈form〉和〈/form〉是表单标签,表单标签的格式是:

〈form name="表单的名称"　method="post/get"　action="处理数据的网页程序名称"〉

　　其他标签语句

〈/form〉

其中,name 设置表单的名称,默认为 form1。method 设置客户端与网站服务器端的数据传送方式,可以选择 post 或 get。action 设置表单提交数据后,服务器端处理数据的网页程序名称。如果网页程序是 PHP 类型,下列语句进行自调用:

〈form name="form1"　method="post"　action="〈? print $_SERVER[PHP_SELF];?〉"〉

　　其他标签语句

〈/form〉

3. 表单数据的传送方式

客户端的数据上传到网站服务器包括两种方式:

(1) post 方式。

如果将表单提交的数据作为一个独立的数据块发送给网站的服务器，表单提交的数据长度不受限制，这时可以采用 post 方式传送数据。这种传送数据的方式，在浏览器软件的地址栏不显示被传送的数据内容，相对来说安全性好。

(2) get 方式。

如果表单传送到网站的数据比较少，并且该数据的安全性不是很重要，这时可以采用 get 方式传送数据。这种传送数据方式，在浏览器软件的地址栏可以显示被传送的数据内容，相对来说数据的安全性不好。

4. 设计表单程序

由于表单网页程序要输入很多标签语句，所以建立网页程序时最好利用 Dreamweaver 软件设计网页程序比较方便。利用 Dreamweaver 软件设计表单的主要步骤如下：

(1) 选择 Dreamweaver 软件菜单栏的"文件"→"新建"→"基本页"→"HTML"选项，出现图 7.1 所示的新建网页表单窗口。

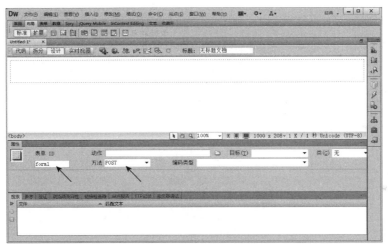

图 7.1 新建网页表单

(2) 在图 7.1 所示的窗口，选择"设计"视图，选择 Dreamweaver 软件菜单栏的"插入"→"表单"→"表单"选项，创建网页程序的表单。

(3) 在图 7.1 所示的窗口，设置表单的 ID、动作、方法属性。

例如，"表单 ID"是指表单的名称，设置成为"form1"。"动作"是指处理数据的网页程序文件名称，本例设置成为"e7_1.php"。"方法"是指数据的传送方式，本例设置成为"POST"。

提示：为了便于管理文件，最好保持处理数据的网页程序文件名称与接收数据的网页程序文件名称一致。

(4) 在图 7.1 所示的窗口，选择"代码"视图，出现网页程序的语句，能够看到第(3)步操作形成的表单〈form〉标签语句。

```
〈form id="form1" name="form1" method="post" action="e7_1.php"〉
    ……
〈/form〉
```

提示:在〈form〉和〈/form〉标签之间可以加入表单元素的标签定义。

5. 表单元素

表单元素用于接收和存储客户端输入的数据。常用的表单元素有文本域、单选按钮、复选框、按钮、文本区域、文件域等,每个表单元素都有元素名称。按照传送规范,表单的数据以 post 或 get 方式上传到网站,处理数据的网页程序通过表单元素名称处理这些数据。

例如,在网页页面接收姓名可以建立一个名称为 name 的文本域,浏览者输入的数据保存在 name 中,假设用户输入的是"张强",那么 name 中保存的就是"张强"。按照技术规范,当数据以 post 方式传到网站时,网站接收的数据是 $\_POST["name"]$,其内容是"张强"。当数据以 get 方式传到网站时,网站接收的数据是 $\_GET["name"]$,其内容是"张强"。

利用 Dreamweaver 软件设计表单元素的主要步骤如下:

(1) 在图 7.1 所示的窗口,选择"设计"视图,光标在表单区域输入"姓名:",选择 Dreamweaver 软件菜单栏的"插入"→"表单"→"文本域"选项,增加表单的文本域元素,出现图 7.2 所示的新建网页表单元素窗口。

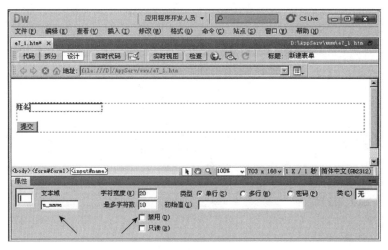

图 7.2　新建网页表单元素

(2) 在图 7.2 所示的窗口,设置表单元素的属性,如文本域、字符宽度、最多字符数等。

例如,"文本域"是指表单文本域的名称,设置成为"u_name"。"字符宽度"是指文本域的大小,设置成为"20"。"最多字符数"是指输入的字符个数,设置成为"10"。

(3) 在图 7.2 所示的窗口,选择 Dreamweaver 软件菜单栏的"插入"→"表单"→"按钮"选项,增加表单的按钮元素。按钮的默认提示是"提交"。浏览者在接收数据的网页程序单击"提交"后,数据上传给网站处理数据的网页程序。

(4) 在图 7.2 所示的窗口,选择"代码"视图,出现网页程序的语句,能够看到第(2)、第(3)步操作形成的表单〈form〉语句。

```
〈form name="form1" method="post" action="e7_1.php"〉
    姓名〈input name="u_name" type="text" id="u_name" size="20" maxlength="10" /〉
    〈p〉〈input name="button" type="submit" id="button" value="提交" /〉〈/p〉
〈/form〉
```

以上简要介绍了设计接收数据的网页程序的方法。

7.1.3 接收数据的网页程序

接收数据的网页程序主要设计的内容包括规划网页页面出现的表单元素,明确表单数据的传送方式和处理数据的网页程序的文件名称。

1. 规划接收数据的网页页面出现的表单元素

接收数据的网页页面要出现接收数据的区域,在接收数据的区域出现表单的元素提供给浏览者输入数据。

例如,在网页页面上输入会员的姓名,要用到文本域元素接收输入的内容;输入会员的性别,可以用到单选按钮元素,从列出的"男"或"女"两个选项中,选择其中的一个选项;输入出生城市,可以用列表/菜单元素列出供选择的城市,从中选择一个城市选项;输入个人爱好,可以用复选框元素列出供选择的爱好名称,由于每个人可能有多个爱好,所以用复选框可以选择多项爱好;当浏览者输入完数据后需要点击"提交"按钮,将输入的数据传送到网站进行处理。所以,接收数据的网页程序需要用到表单的文本域、单选按钮、列表/菜单、复选框和按钮、文本区域、文件域元素接收浏览者输入的数据。

2. 表单数据的传送方式

浏览者在接收数据的网页程序输入的内容要传送到网站进行处理,网络上的数据有 post 传送方式和 get 传送方式,这两种方式各有特点。所以,设计接收数据的网页程序时要明确数据的传送方式采用 post 方式还是 get 方式。

3. 处理数据的网页程序的文件名称

数据传送到网站以后,处理数据的网页程序要对传送的数据进行处理。因此,设计接收数据的网页程序时必须指明处理数据的网页程序的文件名称。处理数据的网页程序涉及数据处理的算法,所以采用 PHP 程序设计处理数据的网页程序。

7.1.4 处理数据的网页程序

接收数据的网页程序接收的数据传送到网站后,处理数据的网页程序对接收的数据主要进行以下处理:

1. 检测数据的有效性

检测数据的有效性是检测输入的数据是否规范,是否符合数据库的存储格式要求。例如,会员注册时输入的姓名必须是 2 个以上汉字。输入的会员电话必须是 11 位数字符号,首位是数字 1。输入的电子邮箱必须符合邮箱的格式规范等。

由于浏览者输入数据时很随意,为了保证网络数据存储规范,必须利用 PHP 程序对用户输入的数据进行检测。对于不符合规范的数据,处理数据的网页程序要显示错误提示,以便浏览者重新输入;对于符合规范的数据,处理数据的网页程序要将数据保存到网站服务器的数据库中。所以,在处理数据的网页程序中,要有专门的语句段落负责检测数据的有效性。

2. 连接数据库文件

在网络的数据处理中,对于符合规范的数据要保存到网站的数据库文件中,所以需要利用 PHP 语句与网站的数据库进行连接,然后才能对网站服务器中数据表的数据进行管理。所以,在处理数据的网页程序中,要有专门的语句段落负责连接数据库文件。

3. 提取或保存数据

在网络的数据处理中,成功连接数据库以后,在处理数据的网页程序可以利用 MySQL 数据库的语句将数据库和数据表的数据保存、删除、修改,并将操作的结果反馈给浏览者。所以,在处理数据的网页程序中,要有专门的语句段落负责管理数据库和数据表的记录。

提示:本章介绍利用表单技术接收数据和利用 PHP 程序检测数据有效性的方法,第八章介绍利用 PHP 程序管理 MySQL 数据库。

7.2 表单的元素

表单的元素主要包括文本域、单选按钮、复选框、列表/菜单、提交/重置按钮、文本区域、文件域等,利用表单元素能够接收客户端输入的数据。

7.2.1 文本域

1. 文本域标签的格式

表单的文本域是接收或显示数据的表单元素,文本域标签的格式:

〈input type=♯ name=♯ value=♯ size=♯ maxlength=♯ disabled=♯ readonly=♯ 〉

(1) type 设置文本域的类型,text 表示输入普通字符,password 表示输入隐蔽字符。可以将文本域的类型设置成为 password 用于接收密码。

(2) name 设置文本域的名称,文本域的名称不得重名,默认名称一般以 textfield 开头,文本域的名称可以作为 PHP 程序处理的变量。

(3) value 设置文本域的初值。

(4) size 设置文本域的大小。

(5) maxlength 设置文本域最多输入的字符数。

(6) disabled="disabled" 设置文本域为禁用状态。

(7) readonly="readonly" 设置文本域为只读状态。

在图 7.2 所示的窗口,增加文本域后,出现图 7.3 所示的文本域的属性窗口,能够设置文本域的属性。

图 7.3 文本域的属性窗口

2. 利用文本域接收数据

【例 7.1】 设计文件名是 e7_1.htm 的网页程序,网页程序的设计要求如下:

(1) 网页标题栏设置成为"表单文本域的应用"。

(2) 网页标题显示"输入会员信息"。

(3) 在网页页面设置接收身份证号、姓名、密码、电子邮箱的文本域元素,浏览者单击"提交"按钮后,由 e7_1.php 网页程序检测和显示输入数据的内容。

得到如图 7.4 所示的浏览结果。

图 7.4　例 7.1 网页程序的浏览结果

e7_1.html 网页程序的语句如下：

```
(1)   <!doctype html>
(2)   <html>
(3)   <head>
(4)   <meta charset="utf-8">
(5)   <title>表单文本域的应用</title>
(6)   </head>
(7)   <body>
(8)   <form name="form1" action="e7_1.php" method="post">
(9)   <p>输入会员信息</p>
(10)  <hr>
(11)  <p>会员电话：
(12)  <input name="u_phone" type="text" size="20" maxlength="11"></p>
(13)  <p>会员姓名：
(14)  <input name="u_name" type="text" size="20" maxlength="10"></p>
(15)  <p>登录密码：
(16)  <input name="u_pwd" type="password" size="20" maxlength="6"></p>
(17)  <p>电子邮箱：
(18)  <input name="u_mail" type="text" size="20" maxlength="20"></p>
(19)  <p><input name="submit" type="submit" value="提交">
(20)     <input name="reset" type="reset" value="重置">
(21)  <a href="index.html">首页</a></p>
(22)  </form>
(23)  </body>
(24)  </html>
```

例题分析：e7_1.htm 网页程序练习设计表单文本域的方法。主要设计思想：

（1）第(8)条语句设计了表单标签，表示浏览者输入的数据以 post 方式传送给处理数据的程序 e7_1.php。

（2）第(11)~(12)条语句设计了文本域，接收输入的会员电话，数据保存在 u_phone。

（3）第(13)~(14)条语句设计了文本域，接收输入的会员姓名，数据保存在 u_name。

(4) 第(15)~(16)条语句设计了文本域,接收输入的登录密码,数据保存在 u_pwd。
(5) 第(17)~(18)条语句设计了文本域,接收输入的电子邮箱,数据保存在 u_mail。
(6) 第(19)~(20)条语句设计了提交和重置按钮。
(7) 第(21)条语句设计了超级链接,链接到 index.html 网页程序。

本例输入的数据 u_phone="13800138001",u_name="张强",u_pwd="111111",u_mail="mail1@163.com"。

3. 处理文本域接收的数据

【例 7.2】 设计文件名是 e7_1.php 的网页程序,网页程序的设计要求如下:
(1) 网页标题栏设置成为"显示文本域的数据"。
(2) 设计网页程序检测并显示例 7.1 输入的数据。规范如下:
① 输入的会员电话必须是 11 位数字符号,首位是数字 1。
② 输入的姓名是 2 个以上汉字。
③ 输入的密码是 6 个数字或字母。
④ 输入的电子邮箱必须符合格式规范。

如果输入的数据不符合规范,屏幕显示错误提示。得到如图 7.5 所示的浏览结果。

图 7.5 例 7.2 网页程序的浏览结果

e7_1.php 网页程序的语句如下:

```
(1)    <!doctype html>
(2)    <html>
(3)    <head>
(4)    <meta charset="utf-8">
(5)    <title>显示文本域的数据</title>
(6)    </head>
(7)    <body>
(8)    <p>输入会员信息</p>
(9)    <hr>
(10)   <?
(11)     //检测会员电话
(12)     if (! preg_match("/1+ /d{10}$ /",$ _POST["u_phone"]))
(13)        die   ("会员电话格式错误!<a href='e7_1.html'>重新输入</a>");
(14)     //检测姓名
(15)     if (strlen(trim($ _POST["u_name"]))<6 or ! is_string($ _POST["u_name"]))
```

```
(16)        die  ("姓名输入错误!<a href= 'e7_1.html'>重新输入</a>");
(17)    //检测密码
(18)    if (! preg_match("/^([a-zA-Z0-9_-]{6})$/",$_POST["u_pwd"]))
(19)        die  ("密码输入错误!<a href= 'e7_1.html'>重新输入</a>");
(20)    //检测邮箱名称
(21)    $patten= "/^([a-zA-Z0-9_-]*)+@([a-zA-Z0-9_-]*)+(/.[a-zA-Z0-9_-]*)+$/";
(22)    if (! preg_match($patten,$_POST["u_mail"]))
(23)        die  ("邮箱格式错误!<a href= 'e7_1.html'>重新输入</a>");
(24)    //显示接收到的数据
(25)    print "<br>会员电话:".$_POST["u_phone"];
(26)    print "<br>会员姓名:".$_POST["u_name"];
(27)    print "<br>登录密码:".$_POST["u_pwd"];
(28)    print "<br>电子邮箱:".$_POST["u_mail"];
(29)    ?>
(30)    <hr>
(31)    <a href= "index.html">首页</a>  </p>
(32)    </body>
(33)    </html>
```

例题分析：浏览者在图 7.4 输入数据，单击"提交"按钮后，e7_1.php 网页程序接收到以 post 方式传送的数据 $_POST["u_phone"]，$_POST["u_name"]，$_POST["u_pwd"]，$_POST["u_mail"]。

e7_1.php 网页程序检测 e7_1.html 网页程序输入的数据是否符合规范要求，如果输入数据的格式不符合规范，将中断程序并且显示错误提示，否则显示浏览者输入的数据结果。主要设计思想：

(1) 第(12)～(13)条语句检测输入的会员电话 $_POST["u_phone"]是否符合规范要求。
(2) 第(15)～(16)条语句检测输入的会员姓名 $_POST["u_name"]是否符合规范要求。
(3) 第(18)～(19)条语句检测输入的登录密码 $_POST["u_pwd"]是否符合规范要求。
(4) 第(21)～(23)条语句检测输入的电子邮箱 $_POST["u_mail"]是否符合规范要求。
(5) 第(25)～(28)条语句显示接收到的变量的结果。

请分析第(12),(15),(18),(22)条语句检测数据的方法，第(13),(16),(19),(23),(31)条语句的作用。

7.2.2 单选按钮

1 单选按钮标签的格式

表单的单选按钮是从给定的选项中选择一个选项的表单元素，单选按钮标签的格式：
<input type="radio" name="单选按钮名称" value="单选按钮选定值" checked >

(1) type 设置单选按钮的类型是"radio"。
(2) name 设置单选按钮的名称，默认名称一般以 radio 开头，单选按钮的名称可以作为 PHP 程序处理的变量。
(3) value 设置单选按钮的选定值。

（4）checked 表示当前选项是默认选项。

在图 7.2 所示的窗口，增加单选按钮后，出现图 7.6 所示的单选按钮属性窗口，能够设置单选按钮的属性。

图 7.6　单选按钮的属性窗口

2．利用单选按钮接收数据

【例 7.3】　设计文件名是 e7_3.htm 的网页程序，网页程序的设计要求如下：

（1）网页标题栏设置成为"表单单选按钮的应用"。

（2）网页标题显示"输入会员信息"。

（3）在网页页面设置接收身份证号的文本域元素，设置性别选项，设置学历选项，浏览者单击"提交"按钮后，由 e7_3.php 网页程序检测和显示输入数据的内容。

得到如图 7.7 所示的浏览结果。

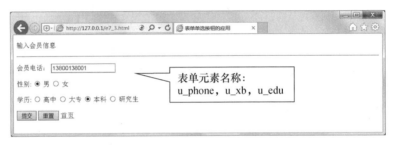

图 7.7　例 7.3 网页程序的浏览结果

e7_3.html 网页程序的语句如下：

```
(1)    <!doctype html>
(2)    <html>
(3)    <head>
(4)    <meta charset="utf-8">
(5)    <title>表单单选按钮的应用</title>
(6)    </head>
(7)    <body>
(8)    <form name="form1" action="e7_3.php" method="post">
(9)    <p>输入会员信息</p>
(10)   <hr>
(11)   <p>会员电话：
(12)   <input name="u_phone" type="text" size="20" maxlength="11"></p>
(13)   <p>性别：
(14)   <input type="radio" name="u_xb" value="男">男
(15)   <input type="radio" name="u_xb" value="女">女</p>
```

```
(16)    <p>学历:<input type="radio" name="u_edu" value="高中">高中
(17)    <input type="radio" name="u_edu" value="大专">大专
(18)    <input type="radio" name="u_edu" value="本科">本科
(19)    <input type="radio" name="u_edu" value="研究生">研究生</p>
(20)    <p><input name="submit" type="submit" value="提交">
(21)    <input name="reset" type="reset" value="重置">
(22)    <a href="index.html">首页</a> </p>
(23)    </form>
(24)    </body>
(25)    </html>
```

例题分析:e7_3.html网页程序练习设计表单单选按钮的方法。主要设计思想:

(1) 第(8)条语句设计了表单标签,表示浏览者输入的数据以post方式传送给处理数据的程序e7_3.php。

(2) 第(11)~(12)条语句设计了文本域,接收输入的会员电话,数据保存在u_phone。

(3) 第(13)~(15)条语句设计了单选按钮,接收输入的性别,数据保存在u_xb。

(4) 第(16)~(19)条语句设计了单选按钮,接收输入的学历,数据保存在u_edu。

(5) 第(20)~(21)条语句设计了提交和重置按钮。

(6) 第(22)条语句设计了超级链接,链接到index.html网页程序。

本例输入的数据u_phone="13800138001",u_xb="男",u_edu="本科"。

提示:注意第(14)~(15)条语句与性别有关的单选按钮的名称必须相同,第(16)~(19)条语句与学历有关的单选按钮的名称必须相同。性别与学历的单选按钮的名称必须不同。

3. 处理单选按钮接收的数据

【例7.4】 设计文件名是e7_3.php的网页程序,网页程序的设计要求如下:

(1) 网页标题栏设置成为"显示单选按钮的数据"。

(2) 设计网页程序检测并显示例7.3输入的数据。规范如下:

① 输入的会员电话必须是11位数字符号,首位是数字1。

② 必须选择性别和学历。

得到如图7.8所示的浏览结果。

图7.8 例7.4网页程序的浏览结果

e7_3.php网页程序的语句如下:

```
(1)    <!doctype html>
(2)    <html>
(3)    <head>
(4)    <meta charset="utf-8">
(5)    <title>显示单选按钮的数据</title>
(6)    </head>
(7)    <body>
(8)    <p>输入会员信息</p>
(9)    <hr>
(10)   <?
(11)       //检测会员电话
(12)       if (! preg_match("/1+ /d{10}$/",$_POST["u_phone"]))
(13)          die ("会员电话格式错误!<a href= 'e7_3.html'>重新输入</a>");
(14)       //检测性别
(15)       if (empty($_POST["u_xb"]))
(16)          die ("请选择性别!<a href= 'e7_3.html'>重新输入</a>");
(17)       //检测学历
(18)       if (empty($_POST["u_edu"]))
(19)          die ("请选择学历!<a href= 'e7_3.html'>重新输入</a>");
(20)       //显示接收到的数据
(21)       print "会员电话:".$_POST["u_phone"]."<br>";
(22)       print "性别:".$_POST["u_xb"]."<br>";
(23)       print "学历:".$_POST["u_edu"]."<br>";
(24)   ?>
(25)   <hr>
(26)   <a href="index.html">首页</a></p>
(27)   </body>
(28)   </html>
```

例题分析：浏览者在图7.7输入数据，单击"提交"按钮后，e7_3.php网页程序接收到以post方式传送的数据$_POST["u_phone"]，$_POST["u_xb"]，$_POST["u_edu"]。

e7_3.php网页程序检测e7_3.html网页程序输入的数据是否符合规范要求，如果输入数据的格式不符合规范，将中断程序并且显示错误提示，否则显示浏览者输入的数据结果。主要设计思想：

(1) 第(12)~(13)条语句检测输入的会员电话$_POST["u_phone"]是否符合规范要求。

(2) 第(15)~(16)条语句检测是否选择了性别$_POST["u_xb"]。

(3) 第(18)~(19)条语句检测是否选择了学历$_POST["u_edu"]。

(4) 第(21)~(23)条语句显示接收到的变量的结果。

7.2.3 复选框

1. 复选框标签的格式

表单的复选框是用来从给定的选项中选择多个选项的表单元素,复选框标签的格式:
〈input type="checkbox" name="复选框名称" value="复选框初值" checked〉

(1) type 设置复选框的类型是"checkbox"。

(2) name 设置复选框的名称,复选框的名称不得重名,默认名称一般以 checkbox 开头,复选框的名称可以作为 PHP 程序处理的变量。

(3) value 设置复选框的选定值。

(4) checked 表示当前选项是已经勾选的选项。

在图 7.2 所示的窗口,增加复选框后,出现图 7.9 所示的复选框的属性窗口,能够设置复选框的属性。

图 7.9 复选框的属性窗口

2. 利用复选框接收数据

【例 7.5】 设计文件名是 e7_5.htm 的网页程序,网页程序的设计要求如下:

(1) 网页标题栏设置成为"表单复选框的应用"。

(2) 网页标题显示"输入会员信息"。

(3) 在网页页面设置接收身份证号的文本域元素,设置喜爱的计算机图书选项,浏览者单击"提交"按钮后,由 e7_5.php 网页程序检测和显示输入数据的内容。

得到如图 7.10 所示的浏览结果。

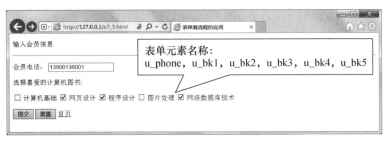

图 7.10 例 7.5 网页程序的浏览结果

e7_5.html 网页程序的语句如下:

(1) 〈! doctype html〉
(2) 〈html〉
(3) 〈head〉
(4) 〈meta charset= "utf-8"〉
(5) 〈title〉表单复选框的应用〈/title〉

```
(6)   </head>
(7)   <body>
(8)   <form name="form1" action="e7_5.php" method="post">
(9)     <p>输入会员信息</p>
(10)    <hr>
(11)    <p>会员电话:
(12)      <input name="u_phone" type="text" size="20" maxlength="11"></p>
(13)    <p>选择喜爱的计算机图书:</p>
(14)    <p><input type="checkbox" name="u_bk1" value="计算机基础">计算机基础
(15)      <input type="checkbox" name="u_bk2" value="网页设计">  网页设计
(16)      <input type="checkbox" name="u_bk3" value="程序设计 ">  程序设计
(17)      <input type="checkbox" name="u_bk4" value="图片处理 ">  图片处理
(18)      <input type="checkbox" name="u_bk5" value="网络数据库技术"checked>
(19)      网络数据库技术  </p>
(20)    <p><input name="submit" type="submit" value="提交">
(21)      <input name="reset" type="reset" value="重置">
(22)      <a href="index.html">首页</a>  </p>
(23)    </form>
(24)  </body>
(25)  </html>
```

例题分析:e7_5.htm 网页程序练习设计表单复选框的方法。主要设计思想:

(1) 第(8)条语句设计了表单标签,表示浏览者输入的数据以 post 方式传送给处理数据的程序 e7_5.php。

(2) 第(11)~(12)条语句设计了文本域,接收输入的会员电话,数据保存在 u_phone。

(3) 第(14)~(18)条语句设计了复选框,接收浏览者喜爱的图书,数据保存在 u_bk1,u_bk2,u_bk3,u_bk4,u_bk5。

(4) 第(20)~(21)条语句设计了提交和重置按钮。

(5) 第(22)条语句设计了超级链接,链接到 index.html 网页程序。

本例输入的数据 u_phone="13800138001",u_bk2="网页设计",u_bk3="程序设计",u_bk5="网络数据库技术"。

3. 处理复选框接收数据

【例 7.6】 设计文件名是 e7_5.php 的网页程序,网页程序的设计要求如下:

(1) 网页标题栏设置成为"显示复选框的数据"。

(2) 设计网页程序检测并显示例 7.5 输入的数据。规范如下:

① 输入的会员电话必须是 11 位数字符号,首位是数字 1。

② 必须选择喜爱的图书。

得到如图 7.11 所示的浏览结果。

图 7.11 例 7.6 网页程序的浏览结果

e7_5.php 网页程序的语句如下：

```
(1)  <!doctype html>
(2)  <html>
(3)  <head>
(4)  <meta charset="utf-8">
(5)  <title>显示复选框的数据</title>
(6)  </head>
(7)  <body>
(8)  <p>输入会员信息</p>
(9)  <hr>
(10) <?
(11)     //检测会员电话
(12)     if (! preg_match("/1+ /d{10}$/", $_POST["u_phone"]))
(13)        die ("会员电话格式错误!<a href='e7_3.html'>重新输入</a>");
(14)     //检测喜爱的图书
(15)     if (empty($_POST["u_bk1"]) and empty($_POST["u_bk12"]) and
(16)     empty($_POST["u_bk3"]) and empty($_POST["u_bk14"]) and
(17)     empty($_POST["u_bk5"]) )
(18)        die ("请选择喜爱的图书");
(19)     //显示接收到的数据
(20)     print "会员电话:".$_POST["u_phone"]."<br>";
(21)     print "选择喜爱的计算机图书：<br>";
(22)     if (! empty($_POST["u_bk1"]))    //如果u_bk1被选定,打印u_bk1的内容
(23)        print $_POST["u_bk1"]."<br>";
(24)     if (! empty($_POST["u_bk2"]))    //如果u_bk2被选定,打印u_bk2的内容
(25)        print $_POST["u_bk2"]."<br>";
(26)     if (! empty($_POST["u_bk3"]))    //如果u_bk3被选定,打印u_bk3的内容
(27)        print $_POST["u_bk3"]."<br>";
(28)     if (! empty($_POST["u_bk4"]))    //如果u_bk4被选定,打印u_bk4的内容
(29)        print $_POST["u_bk4"]."<br>";
(30)     if (! empty($_POST["u_bk5"]))    //如果u_bk5被选定,打印u_bk5的内容
(31)        print $_POST["u_bk5"]."<br>";
```

```
(32)    ?>
(33)    <hr>
(34)    <a href="index.html">首页</a></p>
(35)    </body>
(36)    </html>
```

例题分析：浏览者在图7.10输入数据，单击"提交"按钮后，e7_5.php网页程序接收到以post方式传送的数据 $_POST["u_phone"], $_POST["u_bk1"], $_POST["u_bk2"], $_POST["u_bk3"], $_POST["u_bk4"], $_POST["u_bk5"]。

e7_5.php网页程序检测e7_5.html网页程序输入的数据是否符合规范要求，如果输入数据的格式不符合规范，将中断程序并且显示错误提示，否则显示浏览者输入的数据结果。主要设计思想：

(1) 第(12)~(13)条语句检测输入的会员电话 $_POST["u_phone"]是否符合规范要求。
(2) 第(15)~(18)条语句检测是否没有选择喜爱的图书。
(3) 第(20)~(31)条语句显示 $_POST["u_phone"], $_POST["u_bk1"], $_POST["u_bk2"], $_POST["u_bk3"], $_POST["u_bk4"], $_POST["u_bk5"]的结果。

请分析第(12),(15),(22),(24),(26),(28),(30),(34)条语句的设计思想。

7.2.4 列表/菜单

1. 列表/菜单标签的格式

表单的列表/菜单元素是用来在网页页面上显示列表/菜单选项的表单元素。列表/菜单标签的格式是：

<select name=列表/菜单名称 size=#>
  <option value="列表/菜单值1">列表/菜单名称1</option>
  <option value="列表/菜单值2">列表/菜单名称2</option>
   …   …   …
  <option value="列表/菜单值n">列表/菜单名称n</option>
</select>

(1) name 设置列表/菜单的名称，列表/菜单的名称不得重名，默认名称一般以select开头，列表/菜单的名称可以作为PHP程序处理的变量。
(2) size 设置列表/菜单的显示行数。

在图7.2所示的窗口，增加列表/菜单后，出现图7.12所示的列表/菜单的属性窗口，能够设置列表/菜单的属性。

图7.12 列表/菜单的属性窗口

在图 7.12 所示的窗口,单击"列表值"按钮,出现图 7.13 所示的列表/菜单的列表值窗口,能够设置列表/菜单的名称。"＋"表示增加列表/菜单项目,"－"表示删除列表/菜单项目。项目标签显示在列表/菜单中,值是传递到网站的数据。

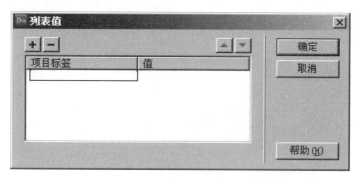

图 7.13　列表/菜单的列表值窗口

2. 利用列表/菜单接收数据

【例 7.7】　设计文件名是 e7_7.htm 的网页程序,网页程序的设计要求如下:
(1) 网页标题栏设置成为"表单列表/菜单的应用"。
(2) 网页标题显示"输入会员信息"。
(3) 在网页页面设置接收会员电话的文本域元素,设置学历选项,浏览者选择学历名称,单击"提交"按钮后,由 e7_7.php 网页程序检测和显示输入数据的内容。

得到如图 7.14 所示的浏览结果。

图 7.14　例 7.7 网页程序的浏览结果

e7_7.html 网页程序的语句如下:

```
(1)  <!doctype html>
(2)  <html>
(3)  <head>
(4)  <meta charset="utf-8">
(5)  <title>表单列表/菜单的应用</title>
(6)  </head>
(7)  <body>
(8)  <form name="form1" action="e7_7.php" method="post">
```

```
(9)     <p>输入会员信息</p>
(10)    <hr>
(11)    <p>会员电话:
(12)    <input name="u_phone" type="text" size="20" maxlength="11"></p>
(13)    <br>学历:
(14)    <select name="u_edu" >
(15)        <option value="选择学历">选择学历</option>
(16)        <option value="高中">高中</option>
(17)        <option value="大专">大专</option>
(18)        <option value="本科">本科</option>
(19)        <option value="研究生">研究生</option>
(20)    </select>
(21)    <br><br><br><br><br><br>
(22)    <p><input name="submit" type="submit" value="提交">
(23)       <input name="reset" type="reset" value="重置">
(24)       <a href="index.html">首页</a>          </p>
(25)    </form>
(26)    </body>
(27)    </html>
```

例题分析:e7_7.html 网页程序练习设计表单列表/菜单的方法。主要设计思想:

(1) 第(8)条语句设计了表单标签,表示浏览者输入的数据以 post 方式传送给处理数据的程序 e7_7.php。

(2) 第(11)~(12)条语句设计了文本域,接收输入的会员电话,数据保存在 u_phone。

(3) 第(14)~(20)条语句设计了列表/菜单,接收浏览者选择的学历,数据保存在 u_edu。

(4) 第(22)~(23)条语句设计了提交和重置按钮。

(5) 第(24)条语句设计了超级链接,链接到 index.html 网页程序。

本例输入的数据 u_phone="13800138001",u_edu="本科"。

3. 处理列表/菜单接收的数据

【例 7.8】 设计 e7_7.php 网页程序,设计要求如下:

(1) 网页标题栏设置成为"显示列表/菜单的数据"。

(2) 设计网页程序检测并显示例 7.7 输入的数据。规范如下:

① 输入的会员电话必须是 11 位数字符号,首位是数字 1。

② 必须选择学历名称。

得到如图 7.15 所示的浏览结果。

图 7.15 例 7.8 网页程序的浏览结果

e7_7.php 网页程序的语句如下：

```
(1)  <!doctype html>
(2)  <html>
(3)  <head>
(4)  <meta charset="utf-8">
(5)  <title>显示列表/菜单的数据</title>
(6)  </head>
(7)  <body>
(8)  <p>输入会员信息</p>
(9)  <hr>
(10)    <?
(11)    //检测会员电话
(12)      if (! preg_match("/1+ /d{10}$/",$_POST["u_phone"]))
(13)        die  ("会员电话格式错误！<a href='e7_7.html'>重新输入</a>");
(14)    //检测学历
(15)      if ($_POST["u_edu"]=="选择学历")
(16)        die  ("请选择学历！<a href='e7_7.html'>重新输入</a>");
(17)    //显示接收到的数据
(18)      print "会员电话:".$_POST["u_phone"]."<br>";
(19)      print "选择的学历:".$_POST["u_edu"]."<br>";
(20)    ?>
(21)  <hr>
(22)  <a href="index.html">首页</a></p>
(23)  </body>
(24)  </html>
```

例题分析：浏览者在图 7.14 输入数据，单击"提交"按钮后，e7_7.php 网页程序接收到以 post 方式传送的数据 $_POST["u_phone"]，$_POST["u_edu"]。

e7_7.php 网页程序检测 e7_7.html 网页程序输入的数据是否符合规范要求，如果输入数据的格式不符合规范，将中断程序并且显示错误提示，否则显示浏览者输入的数据结果。主要设计思想：

(1) 第(12)~(13)条语句检测输入的会员电话 $_POST["u_phone"]是否符合规范要求。
(2) 第(15)~(16)条语句检测是否选择学历。
(3) 第(18)~(19)条语句显示 $_POST["u_phone"]，$_POST["u_edu"]的结果。

请分析第(15)条语句的作用。

7.2.5 提交及重置按钮

提交及重置按钮是用来将输入的数据进行传输，提交给 PHP 程序处理的表单元素，提交及重置按钮标签的格式：

<input type="submit" name="button" value="提交">

重置按钮是将网页页面输入的内容清空的表单元素，重置按钮标签的格式：

〈input type="reset" name="button" value="重置"〉

（1）type 设置按钮的类型，"submit"表示提交按钮，"reset"表示重置按钮。

（2）name 设置按钮的名称，按钮的名称不得重名，默认名称一般以 button 开头，按钮的名称可以作为 PHP 程序处理的变量。

（3）value 设置按钮的选定值。

在图 7.2 所示的窗口，增加提交及重置后，出现图 7.16 所示的按钮的属性窗口，能够设置按钮的属性。

图 7.16　按钮的属性窗口

7.2.6　文本区域

1. 文本区域标签的格式

表单的文本区域是用来接收或显示多行数据的表单元素。文本区域标签的格式：

〈textarea name="textarea"　cols=#　rows=#〉〈/textarea〉

（1）type 设置文本区域的类型是"textarea "。

（2）name 设置文本区域的名称，文本区域的名称不得重名，默认名称一般以 textarea 开头，文本区域的名称可以作为 PHP 程序处理的变量。

（3）cols 设置文本区域的行数。rows 设置文本区域的列数。

（4）disabled 设置文本区域成为禁用，值是"disabled"。

（5）readonly 设置文本区域成为只读，值是"readonly"。

在图 7.2 所示的窗口，增加文本区域后，出现图 7.17 所示的文本区域的属性窗口，能够设置文本区域的属性。

图 7.17　文本区域的属性窗口

2. 利用文本区域接收数据

【例 7.9】　设计文件名是 e7_9.htm 的网页程序，网页程序的设计要求如下：

（1）网页标题栏设置成为"表单文本区域的应用"。

（2）网页标题显示"输入会员信息"。

（3）在网页页面设置接收身份证号的文本域元素，设置文本区域元素输入个人简历，浏览者单击"提交"按钮后，由 e7_9.php 网页程序检测和显示输入数据的内容。

得到如图 7.18 所示的浏览结果。

图 7.18　例 7.9 网页程序的浏览结果

e7_9.html 网页程序的语句如下：

```
(1)   <!doctype html>
(2)   <html>
(3)   <head>
(4)   <meta charset="utf-8">
(5)   <title>表单文本区域的应用</title>
(6)   </head>
(7)   <body>
(8)   <form name="form1" action="e7_9.php" method="post">
(9)   <p>输入会员信息</p>
(10)    <hr>
(11)    <p>会员电话：
(12)    <input name="u_phone" type="text" size="20" maxlength="11"></p>
(13)    <p>个人简历：</p>
(14)    <p><textarea name="u_note" cols="45" rows="5"></textarea></p>
(15)    <p><input name="submit" type="submit" value="提交">
(16)       <input name="reset" type="reset" value="重置">
(17)       <a href="index.html">首页</a></p>
(18)  </form>
(19)  </body>
(20)  </html>
```

例题分析：e7_9.html 网页程序练习设计表单文本区域的方法。主要设计思想：

(1) 第(8)条语句设计了表单标签，表示浏览者输入的数据以 post 方式传送给处理数据的程序 e7_9.php。

(2) 第(11)～(12)条语句设计了文本域，接收输入的会员电话，数据保存在 u_phone。

(3) 第(13)～(14)条语句设计了文本区域，接收浏览者选择的个人简历，数据保存在 u_note。

(4) 第(15)～(16)条语句设计了提交和重置按钮。

(5) 第(17)条语句设计了超级链接，链接到 index.html 网页程序。

本例输入的数据 u_phone="13800138001"，u_note 个人简历的内容。

3. 处理文本区域输入的数据

【例 7.10】 设计文件名是 e7_9.php 的网页程序,网页程序的设计要求如下:
(1) 网页标题栏设置成为"显示文本区域的数据"。
(2) 设计网页程序检测并显示例 7.9 输入的数据。规范如下:
① 输入的会员电话必须是 11 位数字符号,首位是数字 1。
② 必须输入个人简历。
得到如图 7.19 所示的浏览结果。

图 7.19 例 7.10 网页程序的浏览结果

e7_9.php 网页程序的语句如下:

```
(1)   <!doctype html>
(2)   <html>
(3)   <head>
(4)   <meta charset="utf-8">
(5)   </head>
(6)   <body>
(7)   <p>输入会员信息</p>
(8)   <hr>
(9)   <?
(10)     //检测会员电话
(11)     if (!preg_match("/1+/d{10}$/",$_POST["u_phone"]))
(12)       die ("会员电话格式错误!<a href='e7_9.html'>重新输入</a>");
(13)     //检测个人简历的内容
(14)     if (strlen(trim($_POST["u_note"]))==0)  //如果没有输入简历的内容
(15)       die ("请输入个人简历。<a href="e7_9.html">重新输入</a>");
(16)     //显示接收到的数据
(17)     print "会员电话:".$_POST["u_phone"]."<br>";
(18)     print "个人简历:".$_POST["u_note"]."<br>";
(19)   ?>
(20)   <hr>
(21)   <a href="index.html">首页</a></p>
(22)   </body>
(23)   </html>
```

例题分析:浏览者在图 7.18 输入数据,单击"提交"按钮后,e7_9.php 网页程序接收到以 post 方式传送的数据 $_POST["u_phone"],$_POST["u_note"]。

e7_9.php 网页程序检测 e7_9.html 网页程序输入的数据是否符合规范要求,如果输入数据的格式不符合规范,将中断程序并且显示错误提示,否则显示浏览者输入的数据结果。主要设计思想:

(1) 第(11)~(12)条语句检测输入的会员电话 $_POST["u_phone"]是否符合规范要求。

(2) 第(14)~(15)条语句检测是否输入个人简历。如果没有输入个人简历,将中断程序并且显示错误提示。

(3) 第(17)~(18)条语句显示 $_POST["u_phone"],$_POST["u_note"]的结果。

7.2.7 文件域

1. 文件域标签的格式

表单的文件域是接收或选择文件名的表单元素,文件域标签的格式:

〈input type="file" name="文件域名称" 〉

(1) type 设置文件域的类型是"file"。

(2) name 设置文件域的名称,文件域的名称不得重名,默认名称一般以 fileField 开头,文件域的名称可以作为 PHP 程序处理的变量。

在图 7.2 所示的窗口中,增加文件域后,出现图 7.20 所示文件域的属性窗口,能够设置文件域的属性。

图 7.20 文件域的属性窗口

2. 利用文件域接收数据

【例 7.11】 设计文件名是 e7_11.htm 的网页程序,网页程序的设计要求如下:

(1) 网页标题栏设置成为"表单文件域的应用"。

(2) 网页标题显示"输入会员信息"。

(3) 在网页页面设置接收身份证号的文本域元素,建立文件域上传照片文件,浏览者单击"提交"按钮后,由 e7_11.php 网页程序检测和显示输入数据的内容。

得到如图 7.21 所示的浏览结果。

图 7.21 例 7.11 网页程序的浏览结果

e7_11.htm 网页程序的语句如下:

```
(1)  <!doctype html>
(2)  <html>
(3)  <head>
(4)  <meta charset="utf-8">
(5)  <title>表单文件域的应用</title>
(6)  </head>
(7)  <body>
(8)  <form name="form1" action="e7_11.php" method="post" enctype="multipart/form-data">
(9)  <input name="u_file" type="hidden" size="MAX_FILE_SIZE" value=200000></p>
(10)    <p>输入会员信息</p>
(11)    <hr>
(12)    <p>会员电话:
(13)    <input name="u_phone" type="text" size="20" maxlength="11"></p>
(14)    <p>上传照片文件:
(15)    <input name="u_file" type="file" size="60" ></p>
(16)    <p><input name="submit" type="submit" value="提交">
(17)       <input name="reset" type="reset" value="重置">
(18)       <a href="index.html">首页</a></p>
(19)  </form>
(20)  </body>
(21)  </html>
```

例题分析:e7_11.html 网页程序练习设计表单文件域的方法。主要设计思想:

(1) 第(8)条语句设计了表单标签,表示浏览者输入的数据以 post 方式传送给处理数据的程序 e7_11.php。

(2) 第(9)条语句设计了隐藏的文本域,控制上传的照片文件的大小。

(3) 第(12)~(13)条语句设计了文本域,接收输入的会员电话,数据保存在 u_phone。

(4) 第(14)~(15)条语句设计了文件域,接收浏览者选择的照片文件,数据保存在 u_file。

(5) 第(16)~(17)条语句设计了提交和重置按钮。

(6) 第(18)条语句设计了超级链接,链接到 index.html 网页程序。

本例输入的数据 u_phone="13800138001"、u_file 上传的文件名。

3. 处理文件域接收的数据

【例 7.12】 设计 e7_11.php 网页程序,设计要求如下:

(1) 网页标题栏设置成为"显示文件域的数据"。

(2) 设计网页程序检测并显示例 7.11 输入的数据。规范如下:

① 输入的会员电话必须是 11 位数字符号,首位是数字 1。

② 必须输入照片文件名,照片文件保存在网站的 d:/AppServ/www/文件夹。照片文件强行换名为会员电话,1 个会员电话只能上传一次照片,禁止重复上传照片。

得到如图 7.22 所示的浏览结果。

第七章 PHP程序与网页表单的操作

图 7.22 例 7.12 网页程序的浏览结果

e7_11.php 网页程序的语句如下：

```
(1)   <!doctype html>
(2)   <html>
(3)   <head>
(4)   <meta charset="utf-8">
(5)   <title>显示文件域的数据</title>
(6)   </head>
(7)   <body>
(8)   <p>输入会员信息</p>
(9)   <hr>
(10)  <?
(11)     //检测会员电话
(12)     if (!preg_match("/1+ /d{10}$/",$_POST["u_phone"]))
(13)        die ("会员电话格式错误！<a href='e7_11.html'>重新输入</a>");
(14)     //检测照片文件名
(15)     if (strlen(trim($_FILES["u_file"]["name"]))= = 0)//如果没有提供文件名
(16)        die ("请浏览选择照片文件名称。<a href='e7_11.html'>重新输入</a>");
(17)     //显示接收到的数据
(18)     print "会员电话:".$_POST["u_phone"]."<br>";
(19)     $fn=$_FILES["u_file"]["name"];  //浏览者选择的上传文件名称。
(20)     //上传到网站的照片文件名称,照片文件换名成为身份证
(21)     $tar_file=$_POST["u_phone"].strstr($fn,".");
(22)     //如果已经上传将禁止操作
(23)     if (file_exists($tar_file)) {
(24)        die ("已上传过照片！<a href="e7_11.htm">重新输入</a>");
(25)     } else {
(26)        if (move_uploaded_file($_FILES["u_file"]['tmp_name'],$tar_file))
(27)          print ("<br>文件上传成功!");
(28)        else
(29)          print ("<br>文件上传失败!");
(30)     }
(31)  ?>
```

```
(32)    <hr>
(33)    <a href= "index.html">首页</a></p>
(34)    </body>
(35)    </html>
```

例题分析:浏览者在图 7.21 输入数据,单击"提交"按钮后,e7_11.php 网页程序接收到以 post 方式传送的数据 $_POST["u_phone"],$_POST["u_file"]。

e7_11.php 网页程序检测 e7_11.html 网页程序输入的数据是否符合规范要求,如果输入数据的格式不符合规范,将中断程序并且显示错误提示,否则显示浏览者输入的数据结果。主要设计思想:

(1) 第(12)~(13)条语句检测输入的会员电话 $_POST["u_phone"]是否符合规范要求。

(2) 第(15)~(16)条语句检测是否选择了照片文件名,如果没有选择照片文件名,将中断程序并且显示错误提示。

(3) 第(19)~(21)条语句产生上传的文件名和存储到网站的文件名。

(4) 第(22)~(30)条语句检测照片是否上传过,如果没有上传过,完成上传操作。

提示:本例题规定上传的文件必须保存到网站 d:/AppServ/www/文件夹。

7.3 网页页面间的跳转及数据交换

7.3.1 网页页面的跳转

1. 网页页面的跳转概述

浏览者在网页页面浏览信息时,浏览者主动单击超级链接或提交表单后,网页页面能够从当前页面跳转到另外一个页面。有时网页也能够进行自动跳转,例如,浏览者登录某个网站,浏览注册页面输入个人资料后,如果注册成功,屏幕会显示注册成功的提示。若干秒后,网页页面自动跳转到网站职能的页面。另外,浏览者想登录某个网站,在登录页面输入用户名和密码后,如果输入的数据不正确,屏幕会显示错误提示。若干秒后,网页页面自动跳转到登录页面。再如,网络银行得到了广泛使用,浏览者成功登录网络银行后,为了防止浏览者忘记退出网络银行,网页程序设置了 5 分钟内如果浏览者没用操作网络银行页面,浏览者将被强行退出网络银行操作的职能,这样保证了网络银行用户的信息安全。

2. 网页页面的跳转

利用 header( )函数或者<meta>标签能够将网页页面跳转到新的网页页面。

(1) header( )函数。

header( )函数的简单格式:header("location:网页文件名")。

例如,header("location:http://www.sina.com")将自动跳转到 http://www.sina.com 网站的主页页面。header("location:index.htm")将自动跳转到当前网站的主页页面。

header( )函数必须在任何实际输出前调用,该函数前不得使用 include,print 等语句。

(2) <meta>标签。

在网页程序的<head>标签加入<meta>标签可以实现网页页面跳转。

〈meta http－equiv＝"refresh" content＝"秒数;URL＝网页文件名"/〉。

例如,〈meta http－equiv＝"refresh" content＝"5;URL＝http://www.sina.com"/〉将在 5 秒后自动跳转到 http://www.sina.com 网站的主页页面。

再如,〈meta http－equiv＝"refresh" content＝"5;URL＝ index.htm "/〉将在 5 秒后自动跳转到当前网站的主页页面。

3. 网页页面跳转的应用——接收数据

【例 7.13】 设计文件名是 e7_13.htm 的网页程序,网页程序的设计要求如下：

(1) 网页标题栏和网页标题显示"会员登录"。

(2) 在网页页面设置接收身份证号和登录密码的文本域元素,浏览者单击"提交"按钮后,由 e7_13.php 网页程序检测和显示输入数据的内容。

得到如图 7.23 所示的浏览结果。

图 7.23　例 7.13 网页程序的浏览结果

e7_13.htm 网页程序的语句如下：

```
(1)   〈! doctype html〉
(2)   〈html〉
(3)   〈head〉
(4)     〈meta charset= "utf-8"〉
(5)     〈title〉会员登录〈/title〉
(6)   〈/head〉
(7)   〈body〉
(8)     〈form name= "form1" action= "e7_13.php" method= "post"〉
(9)       〈p〉会员登录〈/p〉
(10)      〈hr〉
(11)      〈p〉会员电话：
(12)        〈input name= "u_phone" type= "text" size= "20" maxlength= "11"〉〈/p〉
(13)      〈p〉登录密码：
(14)        〈input name= "u_pwd" type= "password" size= "20" maxlength= "6"〉〈/p〉
(15)      〈p〉〈input name= "submit" type= "submit" value= "提交"〉
(16)        〈input name= "reset" type= "reset" value= "重置"〉
(17)        〈a href= "index.html"〉首页〈/a〉〈/p〉
(18)    〈/form〉
(19)  〈/body〉
(20) 〈/html〉
```

例题分析:e7_13.html 网页程序练习设计表单文件域的方法。主要设计思想:

(1) 第(8)条语句设计了表单标签,表示浏览者输入的数据以 post 方式传送给处理数据的程序 e7_13.php。

(2) 第(11)~(12)条语句设计了文本域,接收输入的会员电话,数据保存在 u_phone。

(3) 第(13)~(14)条语句设计了文本域,接收输入的登录密码,数据保存在 u_pwd。

(4) 第(15)~(16)条语句设计了提交和重置按钮。

(5) 第(17)条语句设计了超级链接,链接到 index.html 网页程序。

4. 网页页面跳转的应用——处理接收的数据

【例 7.14】 设计文件名是 e7_13.php 的网页程序,网页程序的设计要求如下:

(1) 网页标题栏设置成为"会员登录"。

(2) 设计网页程序检测并显示例 7.13 输入的数据。规范如下:

① 输入的会员电话必须是 11 位数字符号,首位是数字 1。如果输入的会员电话格式不正确,网页程序跳转到 e7_13.html 网页程序重新登录。

② 如果输入的密码不是"666666",网页程序跳转到 e7_13.html 网页程序重新登录。

③ 如果会员电话格式正确并且密码正确,网页程序跳转到 index.html 网页程序。

得到如图 7.24 所示的浏览结果。

图 7.24 例 7.14 网页程序的浏览结果

e7_13.php 网页程序的语句如下:

```
(1)    <!doctype html>
(2)    <html>
(3)    <head>
(4)    <meta charset="utf-8">
(5)    <title>会员登录</title>
(6)    </head>
(7)    会员登录
(8)    <hr>
(9)    <body>
(10)   <?
(11)   //检测会员电话
(12)   if (preg_match("/1+ /d{10}$ /",$_POST["u_phone"])) {//检测会员电话
(13)   if (strcmp("666666",trim($_POST["u_pwd"]))= = 0) {//检测密码
(14)      print "<br>会员电话:".$_POST["u_phone"];   //显示会员电话
```

```
(15)        print "<br>登录密码:".$_POST["u_pwd"]; //显示密码
(16)        print "<br>你已经成功登录!稍后计算机将自动进入网站主页."
(17)    ?>
(18)        <meta http-equiv= "refresh" content= "10;URL= index.html"/><?
(19)    } else {//密码错误!
(20)        print "密码错误!稍后计算机将自动进入登录页面."
(21)    ?>
(22)        <meta http-equiv= "refresh" content= "2;URL= e7_13.html"/> <?
(23)    }
(24) } else {//会员电话格式错误!
(25)    print ("会员电话格式错误!稍后计算机将自动进入登录页面.");
(26) ?>
(27)    <meta http-equiv= "refresh" content= "2;URL= e7_13.html"/>   <?
(28) }
(29) ?>
(30) </body>
(31) </html>
```

例题分析:浏览者在图 7.23 输入数据,单击"提交"按钮后,e7_13.php 网页程序接收到以 post 方式传送的数据 $_POST["u_phone"],$_POST["u_pwd"]。

e7_13.php 网页程序检测 e7_13.html 网页程序输入的数据是否符合规范要求,如果输入数据的格式不符合规范,将显示错误提示,程序跳转到登录页面;否则显示浏览者输入的数据结果。主要设计思想:

(1) 第(12)条语句检测输入的会员电话 $_POST["u_phone"]是否符合规范要求。

(2) 第(13)条语句检测输入的密码 $_POST["u_pwd"]是否符合规范要求。如果输入的密码是"666666"表示正确。

(3) 第(14)~(16)条语句显示 $_POST["u_phone"],$_POST["u_pwd"]的结果。

(4) 第(18),(22),(27)条语句输入错误的数据后,显示错误提示,网页跳转到 e7_13.html。

提示:在 PHP 网页程序的语句块中,可以出现 HTML 的标签,请注意第(18),(22),(27)条语句的表示方法。

7.3.2 网页页面的会话管理

1. 会话变量

设计 PHP 网页程序时,可以使用会话变量保存客户端的信息,如客户输入的用户名、密码等,这些信息在浏览者访问的持续时间中,应用程序的其他网页可以引用会话变量。会话变量保存在客户端的计算机中,客户端的浏览器软件要配置成为接受 Cookies 后会话变量才能起作用。

会话变量的工作原理是:当浏览者浏览某个网站的网页时,服务器启动建立会话变量的机制,网页程序将浏览者输入的数据产生一个会话 ID 号,该 ID 与浏览者输入的数据绑定在一起形成会话变量。当浏览者再次浏览这个网站时,浏览器寻找与这个网站对应的会话 ID 号,其他网页程序能够加工会话变量。

例如,浏览者在购物网站,将选购的商品放入购物车,只要没有结算完成,那么购物车的信息就一直保留。每当浏览者购物时,都能看到以前购物车的商品信息,这样便于浏览者选择商品。

2. 创建会话

session_start( )启动一个会话或者返回已经存在的会话。

3. 管理会话变量

(1) $_SESSION["变量名称"]建立会话变量。

在当前的会话创建一个会话变量。例如,利用$_SESSION["u_mail"]建立会话变量,利用赋值语句可以给会话变量赋值。

(2) isset("变量名称")判断会话变量是否设置值。

检查当前的会话中,指定的会话变量是否已经设置值。

4. 注销会话变量

(1) session_unset() 清除所有会话变量的值。

(2) session_destroy() 删除所有会话变量,结束当前的会话。

7.3.3 Cookies 的应用

1. Cookies 变量

与会话变量相似,设计 PHP 网页程序时,也可以使用 Cookies 变量保存客户端的信息,如客户输入的用户名、密码等,这些信息在用户访问的持续时间中,应用程序的其他网页可以引用 Cookies 变量。Cookies 变量保存在客户端的计算机中,客户端的浏览器软件要配置成为接受 Cookies 后 Cookies 变量才能起作用。能够设置 Cookies 变量的使用时限,过期后 Cookies 变量自动注销,这样可以保证网页处理的安全。

Cookies 变量的工作原理是:当浏览者浏览某个网站的网页时,服务器启动建立 Cookies 变量的机制,网页程序将浏览者输入的数据产生一个 Cookies 变量,当浏览者再次浏览这个网站时,浏览器寻找与这个网站对应的 Cookies 变量,其他网页程序能够加工 Cookies 变量。

2. 创建 Cookies 变量

setcookies(变量名称[,变量值][,过期时间])

创建一个 Cookies 变量,设置变量值和过期时间。3 天后过期的设置方法是 60*60*24*3。

3. 读取 Cookies 变量

$_COOKIE()或$HTTP_COOKIE_VARS()可以读取 Cookies 变量的值以便网页程序处理。

网络数据的处理非常复杂,存在着网页之间的数据交换,本章介绍了 3 种交换数据的方法:

(1) 利用表单技术交换数据。这种方法在表单语句必须明确指出处理数据的网页程序名称,浏览者输入的数据,只能由指定的网页程序加工,其他网页引用起来比较麻烦。

(2) 利用会话变量技术交换数据。在浏览者访问的持续时间内,任何网页程序都可以加工会话变量。利用$_SESSION["变量名称"]可以得到会话变量的值,便于其他网页程序处理,网页会话变量的有效期在网页程序中能够得到控制,浏览者退出网站后,网页程序可以利用 session_destroy()删除会话变量,使得会话变量的有效期自动失效,这样其他网页就不能处理会话变量了,从而能够保证网站数据的安全。

(3) 利用 Cookies 变量交换数据。在 Cookies 变量的使用时限内,任何网页程序都可以加工 Cookies 变量,并且可以设置 $\$\_COOKIE["变量名称"]$ 的有效期。利用 $\$\_COOKIE["变量名称"]$ 可以将变量保存在客户端的计算机中,但是这样操作存在很大的风险,所以需要注意 Cookies 变量的数据安全。只要在有效期内,其他相关网页程序都有可能处理 Cookies 变量,Cookies 变量机制尽管便于其他网页程序处理,但是需要考虑其安全性。

本章介绍了网页程序的表单及其表单元素的应用,同时介绍了利用 PHP 程序处理网络数据的方法。网络数据的交互处理,需要在网页程序之间交换数据,本章介绍了利用表单技术、利用会话变量技术、利用 Cookies 技术交换数据的方法,这些技术在设计大型网络数据库应用软件中得到了应用。

思 考 题

1. 设计具有交互职能的网页应用程序一般设计哪些网页程序?
2. 接收数据的网页程序和处理数据的网页程序分别完成什么工作?
3. 设计接收数据的网页程序主要设计哪些内容?
4. 设计加工数据的网页程序主要进行哪些处理?
5. 网页程序数据传送有哪些方式?有什么特点?
6. 表单标签的作用是什么?
7. 表单有哪些元素?各元素的作用是什么?
8. 表单元素的名称有什么用处?
9. 会话变量和 Cookies 变量的工作原理是什么?有什么用处?
10. 调试完成本章例题。

第八章 PHP 程序与 MySQL 数据库的操作

利用 PHP 技术设计的程序能够对 MySQL 数据库的数据进行保存、查询和加工等维护管理。

本章介绍 PHP 程序与 MySQL 数据库之间加工数据的技术,包括以下内容:
- PHP 程序连接 MySQL 服务器和数据库的方法。
- PHP 程序维护 MySQL 数据库的方法。
- PHP 程序维护 MySQL 数据表的方法。
- PHP 程序维护 MySQL 数据表记录的方法。

学习本章要了解 PHP 技术管理 MySQL 数据库数据的方法,掌握 PHP 程序连接服务器和数据库的语句、掌握利用 PHP 程序维护数据库和数据表的方法、掌握利用 PHP 程序维护数据表数据的方法。通过学习本章,会设计简单的 PHP 应用程序管理 MySQL 数据库的数据。

8.1 PHP 技术与 MySQL 数据库

8.1.1 PHP 技术与 MySQL 数据库的概述

1. PHP 技术与 MySQL 数据库

PHP 技术与 MySQL 数据库有着密切的联系。如第三章所述,MySQL 数据库通过建立数据库模型,能够收集和保存网络的数据,而第六章介绍的 PHP 技术能够实现对数据的加工。

在实际应用中,网络数据库应用系统的设计思想是:将网络的数据通过第四章和第七章介绍的网页页面技术收集浏览者输入的数据,同时利用 PHP 技术加工这些数据,最终将数据保存到 MySQL 数据库。另外,MySQL 数据库的数据,也可以根据浏览者的需要,通过网页页面的形式提供给浏览者。

本章重点介绍如何利用 PHP 技术实现 MySQL 数据库的交互数据加工。

2. PHP 程序处理 MySQL 数据库的操作步骤

利用 PHP 程序处理 MySQL 数据库的数据,首先需要连接到数据库所在的 MySQL 服务器和数据库。只有成功连接了 MySQL 服务器和 MySQL 数据库后,才能对 MySQL 数据库中数据表的数据进行维护。利用 PHP 程序加工 MySQL 数据库的数据需要做以下处理:

(1) 利用 mysqli_connect( )语句连接 MySQL 服务器和数据库。

(2) 设计 MySQL 数据加工的命令。

例如,可以利用查询(select)语句从 MySQL 数据库获得数据集合,也可以利用增加(insert)、删除(delete)、修改(update)语句将数据按照规范模式进行维护。

(3) 利用 mysqli_query( )语句执行 MySQL 数据加工的命令,获得数据集合。

利用 PHP 程序处理数据集,以网页页面的形式显示给浏览者。
(4) 关闭 MySQL 服务器和数据库。

8.1.2 连接 MySQL 服务器和数据库

1. 连接 MySQL 服务器和数据库的概述

MySQL 数据库用于保存数据供浏览者浏览,MySQL 软件按照服务器→用户→数据库→数据表→数据项五级模式保存数据。由于网站有多个 MySQL 服务器,一个服务器允许多个用户建立数据库,一个用户可以建立多个数据库,一个数据库有多个数据表,一个数据表有多个数据项。所以,如果要加工数据项,必须知道数据项保存在哪个数据表,数据表保存在哪个数据库,数据库的创建人是谁,数据库保存在哪个服务器。

利用 PHP 程序处理 MySQL 数据库的数据时,PHP 程序中必须有连接到 MySQL 服务器和数据库的语句,只有成功连接了 MySQL 数据库所在的服务器和数据库后,才可以对 MySQL 数据库中的数据表存储的数据进行处理。

2. 连接 MySQL 服务器和数据库的语句

连接 MySQL 服务器的语句格式:

〈连接变量〉=mysqli_connect(〈服务器名〉,〈用户名〉,〈访问密码〉,〈数据库名〉) or
　　　　　　die("服务器连接失败")

〈连接变量〉是任意设定的变量名,例如 $conn。〈服务器名〉、〈用户名〉、〈访问密码〉、〈数据库名〉可以是常量或变量。如果没有设置〈数据库名〉,表示只连接服务器。如果设置了〈数据库名〉,表示连接服务器和数据库。

语句的作用:如果成功连接到服务器和数据库,那么连接变量的值为"真"值,表示服务器和数据库连接成功。否则,由于语句输入错误或〈服务器名称〉、〈用户名称〉、〈访问密码〉、〈数据库名〉错误等原因导致连接服务器和数据库失败时,将利用 die 语句中断程序的执行并且显示"服务器和数据库连接失败"的提示。

例如,利用常量连接到服务器和数据库的 MySQL 语句如下:

```
$conn= mysqli_connect("localhost","root","12345678","bookstore") or
    die ("服务器和数据库连接失败");
```

利用变量连接到服务器和数据库的 MySQL 语句如下:

```
$host= "localhost"; $user= "root"; $pwd= "12345678";
$db_name= "bookstore";
$conn= mysqli_connect ($host, $user, $pwd, $db_name) or
    die ("服务器和数据库连接失败");
```

3. 连接 MySQL 服务器和数据库的案例

【例 8.1】 设计 e8_1.php 程序,连接服务器和数据库。其中,服务器名为"localhost"、用户名为"root"、访问密码为"12345678"、数据库名为"bookstore"。如果连接成功则显示"连接服务器和数据库成功"的提示。否则,终止程序的执行并且显示"连接服务器和数据库失败"的提示。如图 8.1 所示的浏览结果。

图 8.1　例 8.1 网页程序的浏览结果

e8_1.php 程序的代码如下：

```
(1) <?    //连接 MySQL 服务器和数据库
(2) //步骤 1：设置变量 $host：服务器名、$host_user：用户名、$host_pwd：访问密码。
(3) $host="localhost"; $host_user="root"; $host_pwd="12345678";
(4) $db_name="bookstore";    // $db_name：数据库名。
(5) //步骤 2：连接 MySQL 服务器和数据库。
(6) $conn=mysqli_connect($host,$host_user,$host_pwd,$db_name) or
(7)     die("连接服务器和数据库失败");
(8) //步骤 3：显示连接结果。
(9) print "<br>MySQL 服务器：$host";
(10) print "<br>用户名称：$host_user";
(11) print "<br>密码：$host_pwd";
(12) print "<br>数据库名：$db_name";
(13) print "<br>连接服务器和数据库成功";
(14) ?>
```

例题分析：利用 PHP 程序对 MySQL 数据库操作需要连接服务器，本例题重点说明利用 mysqli_connect( ) 语句连接数据库和服务器的方法。包括如下步骤：

(1) 第(3)～(4)条语句设置变量初始值。

(2) 第(6)～(7)条语句连接 MySQL 服务器和数据库，是本例题的核心语句。

(3) 第(9)～(13)条语句显示提示信息。

4．建立连接数据库和服务器的共享程序

【例 8.2】　设计 e8_link_serv_db.php 程序，建立连接数据库和服务器的共享程序。其他 PHP 程序利用 include 语句调用该程序，可以提高编程和调试的效率。

e8_link_serv_db.php 程序的代码如下：

```
(1) <? //连接 MySQL 服务器和数据库,其他网页程序利用 include 语句调用该程序。
(2) // $host：服务器名、$host_user：用户名、$host_pwd：密码、$db_name：数据库名。
(3) // 如果没有设置 $db_name 的值,只连接服务器,否则连接服务器和数据库。
(4) //步骤 1：设置变量
(5) $host="localhost";    $host_user="root";    $host_pwd="12345678";
(6) //步骤 2：连接 MySQL 服务器和数据库。
(7) if (empty($db_name))  //如果没有设置数据库名 $db_name,只连接服务器。
(8)     $conn=mysqli_connect($host,$host_user,$host_pwd) or
```

```
(9)                 die ("连接服务器失败");
(10)    else //如果设置了数据库名$db_name,连接服务器和数据库。
(11)    $conn= mysqli_connect($host,$host_user,$host_pwd,$db_name) or
(12)                die ("连接服务器和数据库失败。");
(13) //步骤 3:设置数据库的字符集为 utf8
(14) mysqli_query($conn,"SET NAMES 'utf8'");
(15) ?>
```

例题分析:本例题作为共享连接服务器和数据库的程序,其他 PHP 程序可以利用 include 语句调用这个程序,这样可以提高编程效率。第(7)~(12)条语句连接服务器和数据库。第(14)条语句设置字符集,解决汉字显示乱码问题。本书第 2 章配置安装服务器和数据库软件时,如果数据库采用 GB2312 字符集,而网页程序代码采用 UTF-8 字符集,那么必须有第(14)条语句,使数据库的汉字编码与网页显示的汉字编码一致。否则,网页显示数据库的数据会出现乱码现象。作为供其他程序调用的程序,如果该程序正常执行,屏幕没有任何结果,表示成功连接了服务器和数据库。

设计 e8_2.php 程序,利用 include 语句调用 e8_link_serv_db.php 程序,如图 8.2 所示的浏览结果。

图 8.2 例 8.2 网页程序的浏览结果

e8_2.php 程序的代码如下:

```
(1) <? //利用 include 语句调用 e8_link_serv_db.php 程序,连接服务器和数据库。
(2)     $db_name= "abcdef";              //本例连接的数据库不存在。
(3)     include "e8_link_serv_db.php";   //调用连接服务器和数据库的程序。
(4) ?>
```

例题分析:本例题介绍利用 include 语句调用 e8_link_serv_db.php 程序的方法。第(2)条语句设置了被连接的数据库名称,如果$db_name 数据库存在,表示连接服务器和数据库。由于本例的数据库不存在,出现如图 8.2 所示的浏览结果,程序被中断执行。如果没有第(2)条语句表示只连接服务器。第(3)条语句是本例题的核心语句。

8.1.3 MySQL 命令

本书第三章介绍了利用 MySQL 命令维护数据库和数据表的命令,这些命令是在 MySQL 软件的控制下通过输入操作命令,完成数据的加工。包括数据库操作的命令、数据表结构操作的命令、数据表记录操作的命令。

设计 PHP 程序可以方便地利用 MySQL 命令维护数据库和数据表的数据。通过建立命令操作变量,例如$cmd,将 MySQL 命令以字符串的形式保存到命令变量中。例如,

```
$cmd="create database  my_test";   //将MySQL操作的命令,以变量的形式保存。
$cmd="select  *  from  member";
```

8.1.4 执行 MySQL 命令的语句

在 PHP 程序中,利用 mysqli_query( )语句执行 MySQL 命令,得到操作结果的数据集合。

1. mysqli_query( )语句格式

〈命令结果变量〉=mysqli_query(〈连接变量〉,〈命令变量〉) or die("命令操作失败");

〈命令结果变量〉通常是$data,后续程序可以处理$data 变量的结果。〈连接变量〉即连接服务器和数据库的变量$conn。〈命令变量〉是本书第三章介绍的 MySQL 命令语句。

语句的作用:如果成功执行了 mysqli_query 命令的操作,那么将结果保存到〈命令结果变量〉,以便后续程序处理。否则,由于语句输入错误导致命令操作失败或无法得到命令结果数据时,将利用 die 语句中断程序的执行并且显示"命令操作失败"的提示。

例如,在 MySQL 中使用"create database my_test"语句,可以建立 my_test 数据库,设计 php 程序,利用下列语句可以建立数据库:

```
(1) <?include 'e8_link_serv_db.php'; //步骤1:连接服务器和数据库
(2) $cmd= 'create database if not exists my_test'; //步骤2:命令变量
(3) $data= mysqli_query($conn,$cmd) or
(4) die ('建立数据库命令错误或数据库已经存在。'); //步骤3:执行MySQL命令
(5) print "成功建立数据库".$db_name; //步骤4:显示结果
(6) ?>
```

例题分析:本例题介绍利用 PHP 程序建立数据库的方法。第(2)条语句是本题的核心语句,如果 my_test 数据库不存在,那么建立 my_test 数据库。第(3)条语句执行 MySQL 命令。

8.1.5 数据集合操作的语句

成功执行了 mysqli_query( )语句后,建立了操作结果的数据集合,利用本节介绍的语句,可以加工数据集合的数据。

1. mysqli_fetch_array( )获取数据记录

mysqli_fetch_array( )语句从数据集合得到符合要求的一条记录。语句格式:

〈数据记录〉= mysqli_fetch_array(〈数据集合〉)

〈数据记录〉是保存记录的数组变量名,例如$record,也可以用其他变量名称。数组单元的个数与数据集合有关。〈数据集合〉是利用 mysqli_query( )语句得到的变量即$data。

例如语句段落:

```
(1) $cmd="select * from member";
(2) $data= mysqli_query($conn,$cmd) or die ("<br>数据表无记录。<br>");
(3) while ( $record= mysqli_fetch_array($data)) {
(4)       print "<br> $record[0] $record[1] $record[2] $record[3]";
(5) }
```

第(1)条语句表示得到 member 数据表所有记录的命令,保存在 $cmd 变量。第(2)条语句表示执行 $cmd 语句,如果语句正常执行将得到符合要求的数据集合,结果保存在 $data 变量。由于 $cmd 语句有拼写错误,或者 member 数据表没有记录,第(2)条语句将中断程序。第(3)条语句 mysqli_fetch_array($data)的作用是从 $data 数据集合中取得一条记录,将其保存到 $record 变量,当 $record 取到记录有数据时,就执行第(4)条语句。按照 PHP 的规范 $record 是数组,数据集合有几个字段 $record 就有几个单元。例如,member(会员电话、姓名、密码、住址、电子邮箱、银行名称、银行卡号、注册时间)数据表有 8 个字段,那么第(4)条语句就依次将记录的 $record[0],$record[1],$record[2],$record[3]项的值显示出来,也就是显示 member 数据表所有记录的会员电话、姓名、密码、住址。第(4)条语句也可以直接这样表示:

```
print "$record[会员电话] $record[姓名] $record[密码] $record[住址]";
```

再看语句段落:

```
(1) $cmd= "select 姓名、密码、住址、电子邮箱 from member";
(2) $data= mysqli_query($conn,$cmd) or die ("<br>数据表无记录。<br>");
(3) while ( $record = mysqli_fetch_array($data)) {
(4)      print "<br> $rec[0] $rec[1] $rec[3]";
(5) }
```

第(1)条语句表示得到 member 数据表所有记录的姓名、密码、住址、电子邮箱的命令(注意字段名的顺序)。第(2)条语句获得 $data 数据集合。第(3)条语句 mysqli_fetch_array($data)的作用是从 $data 数据集合取得一条记录保存到 $record 变量,当 $record 取到记录时,就执行第(4)条语句。按照 PHP 的规范 $record 是数组,数据集合有几个字段 $record 就有几个单元,由于第(1)条语句只得到姓名、密码、住址、电子邮箱 4 个字段,那么第(4)条语句就依次将记录的 $rec[0],$rec[1],$rec[3]项的值显示出来,也就是显示 member 数据表所有记录的姓名、密码、电子邮箱。由于 $rec[2]没有列出,所以不显示内容。所以,这个语句段落的作用是显示 member 数据表所有记录的姓名、密码、电子邮箱数据。

2. mysqli_num_rows( )得到记录的总数

mysqli_num_rows( )语句能够从数据集合得到记录的总数。语句格式:

〈记录总数〉=mysqli_num_rows(〈数据集合〉)

〈记录总数〉是保存记录个数的变量,例如 $rec_count,也可以用其他变量名称。

例如,得到注册会员人数,可以参阅下列语句:

```
(1) $cmd= "select * from member";
(2) $data= mysqli_query($conn,$cmd);
(3) $rec_count = mysqli_num_rows($data);
(4) print "会员总数:$rec_count";
```

3. mysqli_data_seek( )移动记录指针

在 MySQL 的数据表中,若干条记录组成了数据表,每个记录有记录号,记录号称作指针。指针从 0 开始计数,数据集合的第 0 条记录是现实的第 1 条记录,数据集合的第 1 条记录是现实的第 2 条记录。加工数据时可以在有效范围内移动数据表记录的指针,指针不能超过数据表的记录总数。

mysqli_data_seek( )语句将指针移动到数据集合中指定记录号的位置。语句格式：
mysqli_data_seek(〈数据集合〉,〈记录指针〉)

mysqli_data_seek( )只是将指针移动到指定位置,不做其他操作。

例如,显示会员情况表 member 第 3 条记录的姓名和密码,可以参阅下列语句：

```
(1) $cmd= "select * frommember";
(2) $data= mysqli_query($conn,$cmd) or die ("<br>数据表无记录。<br>");
(3) mysqli_data_seek($data,2);         //指针移动到数据记录的第 2+1 条记录
(4) $record= mysqli_fetch_array($data);   //得到第 2+1 条记录的数据
(5) print "<br>$rec[姓名] $rec[密码]";
```

指针移动到指定的记录后,可以用 mysqli_fetch_array( )语句获取当前记录的数据。

8.1.6 关闭 MySQL 服务器和数据库

1. 关闭 MySQL 服务器和数据库的概述

成功连接 MySQL 服务器和数据库后,可以维护服务器存储的数据库和数据表的数据,结束对数据库和数据表的操作后应当关闭 MySQL 服务器和数据库,以便释放存储空间。

2. 关闭 MySQL 服务器和数据库的语句

关闭 MySQL 服务器的语句格式：
mysqli_close(〈连接变量〉)

提示：关闭 MySQL 服务器的操作,往往是在 PHP 程序执行完毕后自动执行,因此 PHP 程序中可以不必书写该语句。

8.2 PHP 程序维护 MySQL 数据库

PHP 程序能够管理 MySQL 服务器的数据库,包括显示数据库、建立数据库、删除数据库和显示数据库的数据表。

8.2.1 显示数据库

利用 PHP 设计的程序可以显示已经建立的 MySQL 数据库名称。

【例 8.3】 设计 e8_3.php 程序,显示已经建立的数据库名称。设计要求如下：

(1) 网页标题栏出现"显示建立的数据库名称"的提示。

(2) 显示服务器是"localhost"、用户名是"root"、访问密码是"12345678"的 MySQL 服务器建立的数据库个数和数据库名称。如图 8.3 所示的浏览结果。

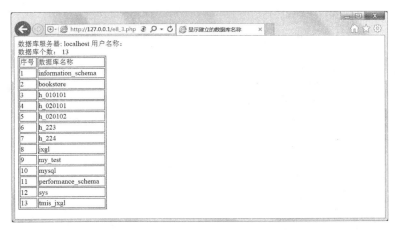

图 8.3　例 8.3 网页程序的浏览结果

e8_3.php 程序的代码如下：

```
(1)  <!doctype html>
(2)  <html>
(3)  <head>
(4)  <meta charset="utf-8">
(5)  <title>显示建立的数据库名称</title>
(6)  </head>
(7)  <body>
(8)  <?  //步骤1:连接服务器
(9)      include 'e8_link_serv_db.php' ;
(10)    print "数据库服务器：$host  用户名称:$user <br>";
(11)    //步骤2:得到已经建立的数据库名称的数据集合
(12)    $cmd='show databases ';              //已经建立的数据库名称。
(13)    $data=mysqli_query($conn,$cmd);      //得到数据集合。
(14)    $rec_count=mysqli_num_rows($data);   //得到数据集合的记录数。
(15)    print '数据库个数：'.$rec_count;
(16)  ?><!--步骤3:利用表格显示数据库的名称。-->
(17)  <table width=200 border=1>
(18)  <tr><td>序号</td><td>数据库名称</td></tr>
(19)  <?  //步骤4:从$data数据集合中逐条提取数据记录
(20)    for ($i=1;$record=mysqli_fetch_row($data);$i++) { //提取一条数据记录
(21)        //显示表格的一行,将一条数据记录分解为若干数据项
(22)        print "<tr><td>$i</td><td> $record[0]</td></tr>";
(23)    }
(24)  ?>
(25)  </table>
(26)  </body>
(27)  </html>
```

例题分析：本例题介绍利用 PHP 程序显示数据库名称的方法。重点说明如何获得数据库名称数据集合、如何获得数据集合的记录数、如何获得记录的数据项、如何利用表格显示数据项的方法。包括以下步骤：

(1) 第(9)～(10)条语句连接服务器，显示服务器和用户信息。

(2) 第(12)～(13)条语句，得到已经建立的数据库的数据集合。第(14)条语句是核心语句，得到已经建立的数据库个数。第(15)条语句显示已经建立的数据库的个数。

(3) 第(17)～(25)条语句利用表格显示数据库的名称。第(20)～(23)条语句是核心语句，从数据集合中逐条得到记录，利用表格显示数据库的名称。

8.2.2 建立数据库

利用 PHP 设计的程序可以建立 MySQL 数据库。

【例 8.4】 设计 e8_4.php 程序，建立 MySQL 数据库。设计要求如下：

(1) 网页标题栏出现"建立数据库"的提示。

(2) 在网页页面设计表单的列表，显示已经建立的数据库名称。

(3) 在网页页面设计表单的文本域，输入需要建立的数据库名称，要求数据库名称为英文字符。单击"建立数据库"按钮后，如果数据库已经存在，显示"数据库存在"的提示。如果数据库不存在，那么建立数据库。如图 8.4 所示的浏览结果。

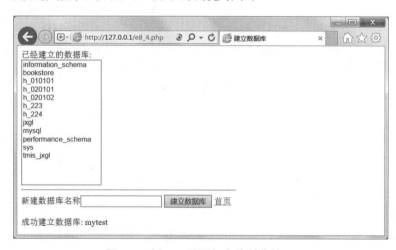

图 8.4 例 8.4 网页程序的浏览结果

e8_4.php 程序的代码如下：

```
(1) <!doctype html>
(2) <html>
(3) <head>
(4) <meta charset="utf-8">
(5) <title>建立数据库</title>
(6) </head>
(7) <body>
```

```php
(8) <?    //步骤1:显示已经建立的数据库名称
(9) include 'e8_link_serv_db.php';     //连接服务器。
(10) $cmd='show databases';           //已经建立的数据库名称
(11) $data=mysqli_query($conn,$cmd);  //数据库名称数据集合
(12) //步骤2.1:检测输入的数据库名称-设置初始变量
(13) $db_nameErr="";  //错误提示信息
(14) $db_name = "";   //新建立的数据库名称
(15) //步骤2.2:检测输入的数据名称的规范性,数据库名称必须是字母
(16) if ($_SERVER["REQUEST_METHOD"]=="POST") { //单击提交按钮
(17)   if (empty($_POST["db_name"]) or
(18)       !preg_match("/^[a-zA-Z_]*$/",$_POST["db_name"]))
(19)     $db_nameErr=$_POST["db_name"]."数据库名称应为字母.";
(20)   else
(21)     $db_name = trim($_POST["db_name"]);
(22) }
(23) ?> <!--步骤3.1:利用列表显示已经建立的数据库-->
(24) <form name="form1" method="post" action="<? print $_SERVER['PHP_SELF']; ?>">
(25)   已经建立的数据库:<br />
(26)   <select name="db_list" size=15><!--建立列表显示数据库-->
(27) <? //从数据库名称数据集合获得数据库名称项显示到列表
(28)   while ($record=mysqli_fetch_row($data)) {
(29)     print "<option value=$record[0]>$record[0]</option>";
(30)   }
(31) ?>
(32)   </select>
(33)   <hr align="left" width="400"><!--步骤3.2:输入新建的数据库名称-->
(34)   新建数据库名称<input type="text" name="db_name" id="textfield" />
(35)   <span class="error"> <? print $db_nameErr; ?></span>
(36)   <input type="submit" name="button" value="建立数据库" />
(37)   <a href="index.html">首页</a>
(38) </form>
(39) <? //步骤4:检测输入的数据库名称
(40) if (strlen($db_name)>0 ){ //输入了新建的数据库名称
(41)   $db_exists=0; //步骤4.1:检测数据库是否已经存在,设置数据库存在标志
(42)   mysqli_data_seek($data,0);  //设置数据集合指针
(43)   while ($recrd=mysqli_fetch_array($data)){//检测数据库名是否已存在
(44)     if (strcmp($db_name,$recrd[0])==0) {
(45)       $db_exists=1;  //修改数据库存在标志
(46)       print "数据库名:$db_name 已经存在,重新输入!";
(47)       break;
```

```
(48)    }
(49)    } //结束检测数据名是否已经存在
(50)    if ($db_exists==0){//步骤5:输入的数据库名不存在,建立数据库
(51)    $cmd= "create database ".$db_name; //建立数据库的命令
(52)    mysqli_query($conn,$cmd) or die ("建立数据库失败。");
(53)    print "<br>成功建立数据库: ".trim($_POST["db_name"]);
(54)    print "<meta http-equiv='refresh' content='5;URL= "$_SERVER['PHP_SELF']"'/>";
(55)    } else
(56)    $db_nameErr= "<br>".trim($_POST["db_name"])."数据库已经存在。"   ;
(57)    } // 输入了新建的数据库名称
(58)    ?>
(59)    </body>
(60)    </html>
```

例题分析:本例题介绍利用 PHP 程序建立数据库的方法。说明如何利用列表显示已经存在的数据库的方法、如何对输入的数据库名称检测、如何建立数据库的方法。首先,检测用户输入的数据库名称是否符合规范,然后,利用列表显示已经存在的数据库名称,同时,检测输入的数据库名称是否已经存在,如果数据库不存在,就建立数据库。包括以下步骤:

(1) 第(9)~(11)条语句,得到已经建立的数据库的数据集合。

(2) 第(16)~(22)条语句检测是否输入了要建立的数据库的名称,同时检测数据库的名称是否为字母和下划线符号。

(3) 第(24)~(38)条语句设计了表单标签,第(26)~(32)条语句利用列表显示已经建立的数据库名称。第(34)条语句利用文本域接收需要建立的数据库的名称。第(36)条语句设计了提交按钮。

(4) 第(40)~(49)条语句检测数据库名称是否已经存在。第(50)~(57)条语句是建立数据库的核心语句。

8.2.3 删除数据库

利用 PHP 设计的程序可以删除 MySQL 数据库。

【例 8.5】 设计 e8_5.php 程序,删除 MySQL 数据库。设计要求如下:

(1) 网页标题栏出现"删除数据库"的提示。

(2) 在网页页面设计表单的列表,显示已经建立的数据库名称。

(3) 从列表中选择需要删除的数据库后,单击"删除数据库"按钮,删除在列表所选的数据库,列表中的系统数据库不得删除,包括 information_schema,performance_schema,mysql,phpmyadmin,sys。如图 8.7 所示的浏览结果。

第八章　PHP 程序与 MySQL 数据库的操作

图 8.5　例 8.5 网页程序的浏览结果

e8_5.php 程序的代码如下：

```
(1)  <!doctype html>
(2)  <html>
(3)  <head>
(4)  <meta charset="utf-8">
(5)  <title>删除数据库</title>
(6)  </head>
(7)  <body>
(8)  <? //步骤1:得到已经建立的数据库名称的数据集合
(9)     include 'e8_link_serv_db.php' ;    //连接服务器
(10)    $cmd='show databases';             //已经建立的数据库信息
(11)    $data= mysqli_query($conn,$cmd);   //数据库名称的数据集合
(12)    //步骤2.1:检测选择的数据库名称-设置初始变量
(13)    $db_nameErr= "";  //错误提示信息
(14)    $db_name = "";    //新建立的数据库名称
(15)    //步骤2.2:检测是否选择了数据库名称
(16)    if ($_SERVER["REQUEST_METHOD"] == "POST") { //单击提交按钮
(17)      if (empty($_POST["db_name"]))
(18)        $db_nameErr= "请选择需要删除的数据库名称";
(19)      else
(20)        $db_name = $_POST["db_name"];
(21)    }
(22)  ?>  <!--步骤3.1:显示已经建立的数据库名称-->
(23)  <form name="form1" method="post" action="<? print $_SERVER['PHP_SELF']; ?>">
(24)    选择需要删除的数据库名称：<br />
(25)    <select name="db_name" size= 15 >
(26)  <? //步骤3.2利用列表显示已经建立的数据库
```

```
(27)    while($record=mysqli_fetch_row($data)){
(28)      print "<option value=$record[0]>$record[0]</option>";
(29)    }
(30)    ?>
(31)    </select>
(32)    <br><span class="error"><? print $db_nameErr;?></span>
(33)    <br>
(34)    <input type="submit" name="button" id="button" value="删除数据库" />
(35)    <a href="index.html">首页</a>
(36)    </form>
(37)    <? if(!empty($db_name)){         //如果选择了数据库
(38)    //步骤4.1:检测选择的数据库是否为系统数据库
(39)    $db_sys=array("information_schema","performance_schema",
(40)         "mysql","phpmyadmin","sys");//系统数据库名称
(41)    $db_exists=0;  //设置数据库存在标志
(42)    $i=0;
(43)    while($db_sys[$i]) {  //检测数据库名是否系统数据库
(44)      if (strcmp($db_name,$db_sys[$i])==0) {
(45)        $db_exists=1;   //修改数据库存在标志
(46)    print   "数据表名:$tb_name是系统文件不得删除!";
(47)        break;
(48)      }
(49)      $i++;
(50)    } //检测数据库名是否系统数据库
(51)    if($db_exists==0) { //步骤4.2:删除数据库
(52)      $cmd="drop database ".$db_name;//删除数据库的命令
(53)      mysqli_query($conn,$cmd) or die ("删除数据库失败。");
(54)      print "<br>成功删除数据库:".$db_name ;
(55)      print "<meta http-equiv='refresh'content='0;URL=".$_SERVER['PHP_SELF']."'/>";
(56)    }
(57)    }
(58)    ?>
(59)    </body>
(60)    </html>
```

例题分析:本例题介绍利用PHP程序删除数据库的方法。重点说明如何利用列表显示已经存在的数据库的方法、如何对输入的数据库名称检测、如何删除数据库的方法。首先,利用列表显示已经存在的数据库名称,从列表选择需要删除的数据库名称后,检测选择的数据库名称是否为系统数据库,如果不是系统数据库将其删除。包括以下步骤:

(1) 第(9)~(11)条语句,得到已经建立的数据库的数据集合。

(2) 第(16)~(21)条语句检测是否选择了数据库的名称。

(3) 第(23)～(36)条语句设计了表单标签,第(25)～(31)条语句利用列表显示已经建立的数据库名称。第(34)条语句设计了"删除数据库"命令按钮。

(4) 第(39)～(50)条语句检测数据库名称是否为系统数据库。第(51)～(56)条语句是删除数据库的核心语句。

8.3 PHP 程序维护 MySQL 数据表

利用 PHP 技术建立的程序可以管理已经建立的数据表文件,显示数据表、建立数据表、删除数据表和显示数据表的结构。

8.3.1 显示数据表

利用 PHP 设计的程序可以显示已经建立的数据表名称。

【例 8.6】 设计 e8_6.php 程序,显示已经建立的数据表名称。设计要求如下:
(1) 网页的标题栏出现"显示数据表名称和字段名"的提示。
(2) 利用列表显示出已经建立的数据库名称。
(3) 从已经建立的数据库列表,选择一个数据库后,单击"显示"按钮,显示该数据库下已经建立的数据表的个数以及每个数据表的字段名和字段类型。如图 8.6 所示的浏览结果。

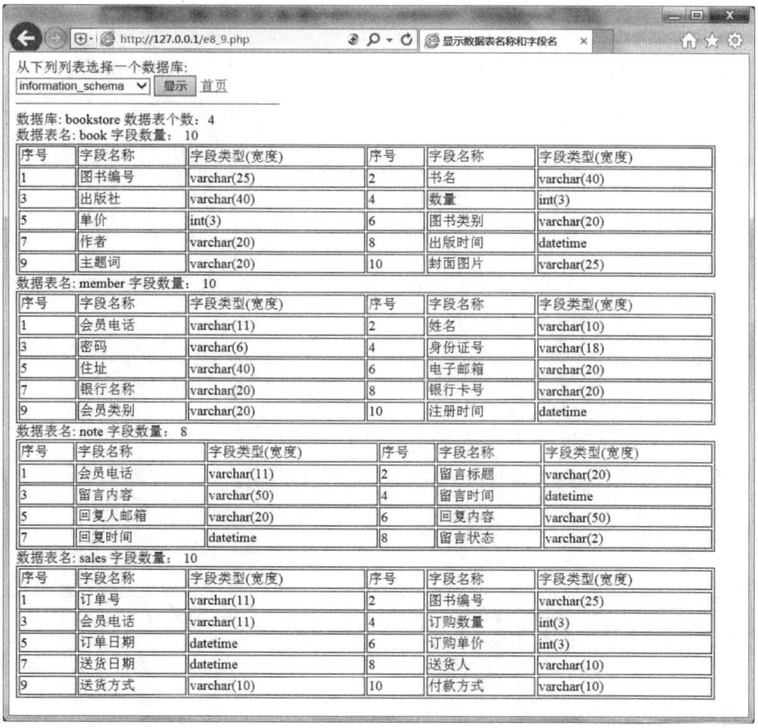

图 8.6 例 8.6 网页程序的浏览结果

e8_6.php 程序的代码如下:

(1) <!doctype html>
(2) <html>
(3) <head>
(4) <meta charset="utf-8">
(5) <title>显示数据表名称和字段名</title>
(6) </head>
(7) <body>
(8) <? //步骤1:得到已经建立的数据库名称的数据集合
(9) include 'e8_link_serv_db.php' ;   //连接服务器
(10) $cmd='show databases';   //已经建立的数据库信息
(11) $data=mysqli_query($conn,$cmd); //得到数据库名称
(12) ?><!--步骤2:显示已经建立的数据库名称-->
(13) <form name="form1" method="post" action="<? print $_SERVER['PHP_SELF'];?>">
(14) <p>从下列列表选择一个数据库:</p>
(15) <select name="db_name" >
(16) <? //利用列表显示已经建立的数据库
(17) while ($record=mysqli_fetch_row($data)) {
(18) print " <option value=$record[0]>$record[0]</option>";
(19) }
(20) ?>
(21) </select>
(22) <input type="submit" name="button" id="button" value="显示" />
(23) <a href="index.html">首页</a>
(24) <hr align="left" width="300">
(25) </form>
(26) <? if (!empty($_POST["db_name"])){ //选择了数据库名称
(27) //步骤3:得到数据库中已经建立的数据表
(28) $db_name=trim($_POST["db_name"]);
(29) include 'e8_link_serv_db.php' ;   //连接服务器和数据库
(30) $cmd='show tables'; //得到数据库中已经建立的数据表
(31) $data=mysqli_query($conn,$cmd);//得到数据表名称的数据集合
(32) $tables_count=mysqli_num_rows($data);//得到数据表名个数
(33) print "数据库:$db_name   数据表个数:$tables_count
";
(34) while ($recrd=mysqli_fetch_array($data)){//步骤4:逐个处理数据表名
(35) $tb_name=$recrd[0] ;   //得到数据表名称
(36) //步骤4.1 得到数据表的结构数据集合
(37) $cmd="describe ".$tb_name;
(38) $data2=mysqli_query($conn,$cmd);
(39) $fds_count=mysqli_num_rows($data2); //步骤4.2 显示数据表的字段个数
(40) print "数据表名:$tb_name 字段数量:$fds_count";

```
(41) print  '<table width= "800" border= "1"〉  ';
(42) print'<tr><td>序号</td><td>字段名称</td><td>字段类型(宽度)</td>';
(43) print '<td>序号</td><td>字段名称</td><td>字段类型(宽度)</td></tr>';
(44) $k= 1;
(45) while ($recrd2= mysqli_fetch_array($data2)){//分两列显示数据表名结构
(46) $fd_name= $recrd2[0];     //字段名称项
(47) $fd_type= $recrd2[1];     //字段类型项
(48) if ($k% 2)0)
(49) print "<tr>";
(50) print  "<td>$k</td><td>$fd_name</td><td>$fd_type</td>";
(51) $k+ + ;
(52) if ($k% 2)0  )
(53) print "</tr>";
(54) } //结束逐个显示数据表名结构
(55) print "</table>";
(56) }
(57) }
(58) ?>
(59) </body>
(60) </html>
```

例题分析:本例题介绍利用 PHP 程序显示数据表及其表结构的方法。重点说明如何利用列表显示已经存在的数据表的方法、如何利用表格显示数据表结构的方法。首先,利用列表显示已经存在的数据库名称,从列表选择数据库名称,利用表格显示所选数据库中已经存在的数据表的字段名和类型。包括以下步骤:

(1) 第(9)~(11)条语句,得到已经建立的数据库的数据集合。

(2) 第(13)~(25)条语句设计表单标签,第(15)~(21)条语句利用列表显示已经建立的数据库名称。第(22)条语句设计了"显示"命令按钮。

(3) 第(26)~(57)条语句以表格的形式显示已经建立的数据表的字段名、字段类型和宽度。第(28)~(33)条语句得到已经建立的数据表名称的数据集合,显示数据表的个数。第(34)~(54)条语句显示以表格的形式显示某个数据表的字段名和类型,这是本程序的核心语句。

8.3.2 建立数据表

利用 PHP 设计的程序可以建立数据表文件。

【例 8.7】 设计网页程序 e8_7.php,建立数据表文件。设计要求如下:

(1) 网页的标题栏出现"建立数据表"的提示。

(2) 如果 my_test 数据库不存在,那么利用 PHP 程序建立 my_test 数据库。

(3) 在 my_test 数据库,建立 my_test 数据表,数据表的结构:书号/变长字符串/30、书名/变长字符串/40、单价/数值/5。如图 8.7 所示的浏览结果。

图8.7 例8.7网页程序的浏览结果

e8_7.php程序的代码如下：

```
(1) <!doctype html>
(2) <html>
(3) <head>
(4) <meta charset="utf-8">
(5) <title>建立数据表</title>
(6) </head>
(7) <body>
(8) <? //步骤1:建立数据库
(9) include 'e8_link_serv_db.php'; //连接服务器
(10) $db_name="my_test";
(11) //如果数据库不存在,那么建立数据库
(12) $cmd="create database if not exists ".$db_name;
(13) $data=mysqli_query($conn,$cmd);
(14) //步骤2:建立数据表
(15) include 'e8_link_serv_db.php'; //连接服务器和数据库
(16) //如果数据表不存在,那么建立数据表
(17) $cmd="create table if not exists
(18) my_test(书号 varchar(30),书名 varchar(40),单价 int(5)) ";
(19) mysqli_query($conn,$cmd) or die("建立数据表:my_test 失败!");
(20) print "成功建立数据表文件:my_test ";
(21) ?>
(22) </body>
(23) </html>
```

例题分析：如本书第三章所述，在MySQL建立数据表的方法需要输入下列语句：

```
create table my_test (书号 varchar(30),书名 varchar(40),单价 int(5) );
```

利用PHP技术设计的网页程序建立数据表，需要把建立数据表的语句保存到变量中，例如：

```
$cmd="create table if not exists my_test (书号 varchar(30),书名 varchar(40),单价 int(5) )";
```

此时，在PHP程序中加入下列语句就能够建立数据表文件。

```
mysqli_query($conn,$cmd);
```

本例题介绍利用PHP程序建立数据表的方法。由于建立数据表结构定义的内容比较灵

活,所以本例题建立的数据表只能建立固定模式的数据表。

8.3.3 删除数据表

1. 选择被删除的数据表所在的数据库

利用 PHP 设计的程序可以删除 MySQL 数据库中的数据表。

【例 8.8】 设计 e8_8.php 程序,选定数据库和数据表。设计要求如下:

(1) 网页标题栏出现"选择数据库名称"的提示。

(2) 在网页页面出现已经建立的数据库列表元素,浏览者单击"确定"按钮,由 e8_9.php 程序处理输入的数据。不得选择系统数据库,包括 information_schema, performance_schema,mysql,phpmyadmin,sys。如图 8.8 所示的浏览结果。

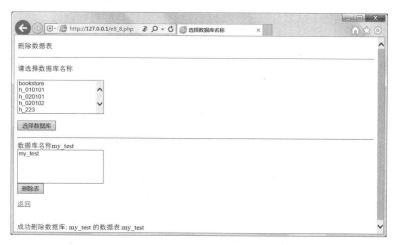

图 8.8 例 8.8 网页程序的浏览结果

e8_8.php 程序的代码如下:

```
(1) <! doctype html>
(2) <html>
(3) <head>
(4) <meta charset= "utf-8">
(5) <title>选择数据库名称</title>
(6) </head>
(7) <body>
(8) <script language= "javascript">
(9) function check_form(form) {    //检测是否选择了数据库名称
(10)    var db= form.db_name.value //数据库列表选择的内容
(11)    if(db= = ""){              //没有选择数据库名称
(12)       alert("请选择数据库的名称.");
(13)       return(false);
(14)    }
(15)    if(db= = "information_schema" || db= = "performance_schema" ||
```

```
(16)    db= = "mysql"|| db= = "phpmyadmin" || db= = "sys"){//选择了系统数据库
(17)    alert("系统数据库不得操作.");
(18)    return(false);
(19)    }
(20)    return(true);
(21)    }
(22)    </script>
(23)    < ? //显示已经建立的数据库名称
(24)    print  "从下列列表选择一个数据库:";
(25)    include  'e8_link_serv_db.php'  ;   //连接服务器
(26)    $ cmd= 'show databases';             //已经建立的数据库信息
(27)    $ data= mysqli_query($ conn, $ cmd);   //得到数据库名称
(28)    ? >
(29)    <form  name= "form1" method= "GET" action= "e8_9.php"
(30)        onsubmit= "return check_form(this);" >
(31)    <select name= "db_name" size= 10 >
(32)    < ? //利用列表显示已经建立的数据库
(33)    while ($ record= mysqli_fetch_row($ data)) {   //显示数据库名称
(34)    print " <option value= '$ record[0]'>$ record[0]</option>";
(35)    } //结束显示数据库名称
(36)    ? >
(37)    </select>
(38)    <p><input type= "submit" name= "button"  value= "确认"  />  
(39)    <a href= "index.html">首页</a></p>
(40)    </form>
(41)    </body>
(42)    </html>
```

例题分析:第(8)～(22)条语句设计了检测数据的职能,其中第(11)～(14)条语句的职能是没有选择数据库名称,出现提示信息。第(15)～(19)条语句的职能是选择了系统数据库后,出现提示信息。第(25)～(27)条语句获得已经建立的数据库名称数据集合。第(29)～(40)条语句设计表单标签,第(32)～(37)条语句设计了 db_name 列表框元素,显示已经建立的数据库名称。如果选择了数据库名称并且单击"确认"按钮后,数据库名称以 get 方式传送给处理数据的 e8_9.php 程序。第(39)条语句设计了超级链接,链接到 index.html 网页程序。

2. 删除数据表的网页程序

【例 8.9】 设计 e8_9.php 程序,删除选定的数据表。设计要求如下:

(1) 网页标题栏显示"删除数据表"的提示。

(2) 接收到 e8_8.php 程序传送的数据库名称 db_name 后,完成如下操作:

① 显示数据库是否有数据表。

② 利用列表框显示数据库中建立的数据表。

③ 从列表框选择一个数据表,单击"删除数据表"按钮后将其删除。

如图 8.9 所示的浏览结果。

图 8.9 例 8.9 网页程序的浏览结果

e8_9.php 程序的代码如下：

```
(1) <!doctype html>
(2) <html>
(3) <head>
(4) <meta charset="utf-8">
(5) <title>删除数据表</title>
(6) </head>
(7) <script language="javascript">
(8) function check_form(form) {    //检测是否选择了数据表名称
(9)   var tb=form.tb_name.value    //数据库列表选择的内容
(10)  if(tb==""){                  //没有选择数据表名称
(11)     alert("请选择数据表的名称.");
(12)     return(false);
(13)  }
(14)  return(true);
(15) }
(16) </script>
(17) <body>
(18) <? $db_name=trim($_GET["db_name"]);
(19) print "数据库名称：$db_name ";
(20) //显示已经建立的数据表名称
(21) include 'e8_link_serv_db.php' ;   //连接服务器和数据库
(22) $cmd='show tables';    //已经建立的数据表信息
(23) $data=mysqli_query($conn,$cmd);   //数据表名称数据集合
(24) if (mysqli_num_rows($data)==0) {
(25)    print "没有建立数据表!";
(26)    print '<br><a href="e8_8.php">选择数据库</a>';
(27) } else {
(28) ?>
(29) <form name="form1" method="GET"
```

```
(30)     action="<? print $_SERVER['PHP_SELF']; ?>"
(31)     onsubmit="return check_form(this);">
(32)     选择需要删除的数据表名称:<br />
(33)     <select name="tb_name" size=5>
(34)         <?//利用列表显示已经建立的数据库
(35)         while($record=mysqli_fetch_row($data)){
(36)         print "<option value=$record[0]>$record[0]</option>";
(37)         } ?>
(38)     </select>
(39)     <input type="text" name="db_name" value="<? print $db_name; ?>" hidden/>
(40)     <p><input type="submit" name="button" value="删除数据表"/></p>
(41)     <p><a href="e8_8.php">选择数据库</a></p>
(42)     </form>
(43)     <?//删除数据选定的数据表
(44)     if(trim($_GET["tb_name"])){
(45)         $cmd="drop table ".$_GET["tb_name"]; //删除数据选定的数据表
(46)         mysqli_query($conn,$cmd) or die ("删除数据库失败。");
(47)         print"<br>成功删除数据库: $db_name 的数据表:".$_GET["tb_name"];
(48)         print "<meta http-equiv='refresh' content='5;
(49)         URL=".$_SERVER['PHP_SELF']."?db_name=$db_name'/>";
(50)     }
(51) }
(52) ?>
(53) </body>
(54) </html>
```

例题分析:第(7)~(16)条语句设计了检测数据的职能,如果没有选择数据库名称,出现提示信息。第(21)~(23)条语句获得已经建立的数据表名称数据集合。第(24)~(27)条语句得到没有数据表的提示,需要重新选择数据库。第(29)~(42)条语句设计表单标签,第(33)~(38)条语句设计了 tb_name 列表框元素,显示已经建立的数据表名称。如果选择了数据表名称并且单击"删除数据表"按钮后,数据表被删除。第(44)~(50)条语句设计了删除数据表的职能,这是本程序的核心语句。

8.4 PHP 程序维护数据表的数据

利用 PHP 设计的程序能够维护 MySQL 数据库中数据表的记录。包括查询记录、统计记录、增加记录、修改记录、删除记录。

8.4.1 PHP 程序维护数据表数据的概述

利用 MySQL 数据库可以保存网络数据库应用系统的数据,所有数据保存在数据表中。对于数据表的数据需要进行查询、增加、删除、修改、统计等维护操作,这样保存在数据表的数据是真实有效的数据。

第三章介绍了利用 MySQL 的命令维护 MySQL 数据表数据的方法,本章介绍利用 PHP 设计的网页程序维护数据表数据的方法,这样浏览者通过浏览网页程序能够对数据表的数据进行各种处理,从而能够为浏览者提供浏览信息服务。

本章以第三章介绍的网络图书销售系统的数据库模型为案例,介绍利用 PHP 程序维护数据的方法。网络图书销售系统的数据库模型建立了 bookstore 数据库,包括图书目录表 book、会员情况表 member、图书销售表 sales。

设计利用 PHP 程序维护数据表数据的网页程序,要设计以下两类程序:

(1) 设计接收数据的网页程序。

例如,会员注册的网页属于增加记录的操作,要设计输入会员资料的网页程序。再如,图书的查询和统计要设计输入查询条件的网页程序。

(2) 设计处理数据的网页程序检测数据的有效性。

例如,会员注册的网页程序,由于浏览者输入的数据随意性很强,所以要设计网页程序检测输入的数据是否符合规范,对于符合规范的数据要保存到数据表中,这样完成了会员注册的处理。

再如,对于查询和统计的处理,只有输入了查询条件后,计算机进行数据加工,有可能数据不规范或数据不存在,所以要经过处理数据的网页程序的处理才能为浏览者提供结果。

PHP 程序维护数据表的数据简单的处理流程如下:

(1) 连接服务器和数据库。

明确数据存储在哪个服务器、哪个数据库。在网页程序利用 mysqli_connect( ) 语句连接服务器和数据库。

```
$db_name= "bookstore" ;         //本节内容连接数据库 bookstore
include  'e8_link_serv_db.php' ;  //连接服务器和数据库
```

(2) 对数据表操作的命令。

加工数据表数据的 MySQL 语句命令,保存到 $cmd 变量,也可以用其他变量名称。

例如,删除会员情况表中张强的数据要用到 MySQL 的 delete 语句:

```
$cmd= "delete from  member   where 姓名='张强' ";
```

再如,查询会员情况表所有会员的数据要用到 MySQL 的 select 语句:

```
$cmd= "select * from member ";
```

(3) 执行 MySQL 操作得到数据集合。

利用 mysqli_query( ) 执行 MySQL 操作,得到符合处理要求的数据集合,保存到 $data 变量,也可以用其他变量名称。

```
$data= mysqli_query($conn,$cmd)  or  die ("<br>数据表无记录。<br>");
```

$data 保存了执行 MySQL 操作后获得的数据集合,$cmd 语句可能有拼写错误导致无法得到数据,所以程序被中断处理。执行 mysqli_query($conn,$cmd) 语句会有两种结果:

① 语句被正常执行。以删除会员张强的数据为例,如果$cmd格式没有错误,该语句将正常执行。

② 得到数据集合。以查询会员信息为例,如果$cmd命令正常执行,那么将从数据表中得到符合条件的数据集合,保存到$data变量,后续程序能够加工得到的数据集合,进行第(4)步操作。

(4) 加工数据集合。

加工数据集合就是要利用mysqli_fetch_array( ),将数据集合拆分成为记录,记录保存到$record变量。例如:

$record= mysqli_fetch_array($data);

$record是数组变量名称,存储从$data提取的一条记录。可以从$record分解数据项,$record[0],$record[1]等。可以显示和加工数据项,直至PHP程序正常结束。

8.4.2 查询记录

查询记录是从数据表中得到符合条件的记录。结合本书第三章介绍的查询MySQL数据表记录的方法。利用PHP设计的网页程序可以查询记录,将查询结果显示在网页页面。设计查询程序要根据查询要求分析好查询要素。

1. 查询会员情况表

【例8.10】 设计e8_10.php程序,设计要求如下:

(1) 网页标题栏显示"查询数据表的记录"的提示。

(2) 设计表单以会员姓名作为查询条件,输入查询姓名,得到会员情况表中符合条件的数据,查询结果以表格的形式显示。

① 如果查询条件没有输入姓名,表示显示所有人的数据。

② 如果查询条件输入了姓名,表示显示被查询人的数据。

如图8.10所示的浏览结果。

图8.10 例8.10网页程序的浏览结果

e8_10.php程序的代码如下:

```
(1) <!doctype html1>
(2) <html1>
(3) <head>
```

(4) <meta charset="utf-8">
(5) <title>查询数据表的记录</title>
(6) </head>
(7) <body>
(8) <? //步骤1：设置通用变量
(9) //连接数据库服务器和数据库
(10) $db_name="bookstore";//数据库名称
(11) include 'e8_link_serv_db.php';
(12) $tb_name="member"; // $tb_name 数据表名称
(13) $tb_caption="会员情况表 ";
(14) $find_field="姓名";   //查询字段名称
(15) $return="<a href='index.html'>首页</a>"; //设置返回变量
(16) //显示网页提示
(17) print "查询数据表：$tb_caption 查询项：$find_field
";
(18) ?>
(19) <!--步骤2：设计表单接收查询条件，保存到：$find_value-->
(20) <form name="form1" action="<? print $_SERVER['PHP_SELF'];?>" method="post">
(21)   <hr>
(22)   <p>输入查询的<? print $find_field; ?>：
(23)   <input name="find_value" type="text" size="20" maxlength="20">
(24)   <input name="submit" type="submit" value="查询">
(25)   <? print $return ; ?> </p>
(26)   <hr>
(27) </form>
(28) <? //步骤3：显示表格表头
(29) $cmd="describe $tb_name ";
(30) $data=mysqli_query($conn,$cmd) or die ("
数据表结构错误。$return");
(31) $field_count=mysqli_num_rows($data);//得到数据表的字段个数
(32) print '<table border="1"> ';//表格
(33) print "<caption>$tb_caption </caption>";//表格标题
(34) print '<tr>';//表格的表头行开始
(35) print '<td>序号</td>';
(36) for ($i=0; $record=mysqli_fetch_array($data); $i++){
(37)   print "<td>$record[0]</td>";
(38) }
(39) print '</tr>'; //表格的表头行结束
(40) //步骤4:得到查询结果的数据记录集合
(41) $find_value=trim($_POST["find_value"]); //查询值$_POST["find_value"]
(42) if (strlen($find_value)>0){//输入了查询条件得到符合条件的数据集合
(43) $tb_caption.=" 查询条件：$find_field='$find_value'";
(44) $cmd="select * from $tb_name where $find_field='$find_value'";
(45) }else {//没有输入查询条件得到所有数据集合

```
(46)        $cmd="select * from $tb_name ";
(47)   }
(48) $data=mysqli_query($conn,$cmd) or die ("<br>数据表无记录。$return");
(49) //步骤5:逐条显示表格记录
(50) $i=1;    //显示序号
(51) while ( $record= mysqli_fetch_array($data)) {
(52)      print '<tr>';//循环打印一行
(53)      print '<td>'.$i.'</td> ';//打印序号项
(54)      for ($j=0;$j<$field_count;$j++)  { //循环打印字段值
(55)         if (strlen(trim($record[$j]))<= 0) {
(56)            print '<td>    </td> ';
(57)         }else {
(58)            print '<td>'.$record[$j].'</td> ';
(59)         }//if 结束
(60)      }//for 结束
(61)      print '</tr>';
(62)      $i=$i+1;
(63) } //while 结束
(64) print '</table>';     //结束表格
(65) print "记录数:".mysqli_num_rows($data) ;//显示记录个数
(66) ?>
(67) </body>
(68) </html>
```

例题分析:本题包括以下步骤:

(1) 第(8)~(18)条语句设置公共变量,包括 $db_name,$tb_name,$find_field,$tb_caption。连接服务器和数据库。显示网页页面提示。

(2) 第(19)~(27)条语句设计了表单标签,利用文本框接收查询条件,查询值保存在文本框 $find_value 变量。第(24)条语句设计了查询按钮。

(3) 第(28)~(39)条语句以表格形式显示 $tb_name 数据表结构的所有字段名。

(4) 第(41)~(48)条语句设置 $cmd,如果没有输入查询条件,第(43)条语句得到所有记录。否则,第(41)条语句得到符合条件的记录。

(5) 第(50)~(63)条语句从得到的数据集合 $data 逐条获得记录,将一条记录拆分数据项,显示到表格的单元格。

参见例 8.10 设计 e8_10_1.php 程序,职能是输入会员电话得到会员情况表中符合条件的数据。可以将 e8_10.php 程序复制成 e8_10_1.php 程序后,修改 e8_10_1.php 程序的语句:

将第(14)条语句 $find_field="姓名";修改为 $find_field="会员电话";

同理,参见例 8.10 设计 e8_10_2.php 程序,职能是输入会员住址得到会员情况表中符合条件的数据。可以将 e8_10.php 程序复制成 e8_10_2.php 程序后,修改 e8_10_2.php 程序的语句:

将第(14)条语句 $find_field="姓名";修改为 $find_field="住址";

2. 查询图书目录表

(1) 设计输入书名查询图书目录表记录的程序。

参见例 8.10 设计 e8_10_3.php 程序,职能是输入书名得到图书目录表中符合条件的数据。可以将 e8_10.php 程序复制成 e8_10_3.php 程序,修改 e8_10_3.php 程序的语句:

将第(12)条语句 $tb_name="member"; 修改为 $tb_name="book";

将第(13)条语句 $tb_caption="会员情况表"; 修改为 $tb_caption="图书目录表";

将第(14)条语句 $find_field="姓名"; 修改为 $find_field="书名";

(2) 设计输入图书编号查询图书目录表记录的程序。

参见 e8_10_3.php 程序设计 e8_10_4.php 程序,职能是输入图书编号得到图书目录表中符合条件的数据。可以将 e8_10_3.php 程序复制成 e8_10_4.php 程序,修改 e8_10_4.php 程序的语句:

将第(14)条语句 $find_field="姓名"; 修改为 $find_field="图书编号";

3. 多表数据查询

【例 8.11】 设计 e8_11php 程序,输入查询条件,得到多表的数据。设计要求如下:

(1) 网页标题栏显示"查询数据表的记录"的提示。

(2) 设计表单以会员姓名作为查询条件,输入查询姓名,得到电话、姓名、书名、出版社、单价、订单号、订购数量、金额,查询结果以表格的形式显示。

① 如果查询条件没有输入姓名,表示显示所有人的数据。

② 如果查询条件输入了姓名,表示显示被查询人的数据。

如图 8.11 所示的浏览结果。

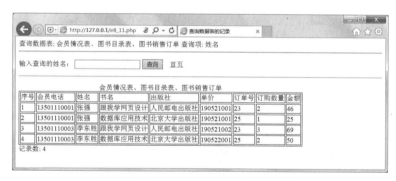

图 8.11 例 8.11 网页程序的浏览结果

e8_11.php 程序的代码如下:

```
(1) <!doctype html1>
(2) <html1>
(3) <head>
(4) <meta charset="utf-8">
(5) <title>查询数据表的记录</title>
(6) </head>
(7) <body>
(8) <? //步骤1:设置通用变量
```

(9)　//连接数据库服务器和数据库
(10)　$db_name="bookstore";//数据库名称
(11)　include 'e8_link_serv_db.php';
(12)　$tb_name="member,book,sales"; //$tb_name 数据表名称
(13)　$tb_caption="会员情况表、图书目录表、图书销售订单";
(14)　$find_field="姓名"; //查询字段名称
(15)　$return="<a href='index.html'>首页</a>";　//设置返回变量
(16)　//显示网页提示
(17)　print "查询数据表：$tb_caption　查询项：$find_field
";
(18)　?>
(19)　<!--步骤2:设计表单接收查询条件,保存到：$find_value-->
(20)　<form name="form1" action="<? print $_SERVER['PHP_SELF'];?>" method="post">
(21)　<hr>
(22)　<p>输入查询的<? print $find_field; ?>:
(23)　<input name="find_value" type="text" size="20" maxlength="20">
(24)　<input name="submit" type="submit" value="查询">　
(25)　<? print $return ; ?> </p>
(26)　<hr>
(27)　</form>
(28)　<!--步骤3:显示表格表头-->
(29)　<table border="1">
(30)　<caption><? print $tb_caption ?></caption>
(31)　<tr><td>序号</td><td>会员电话</td><td>姓名</td><td>书名</td>
(32)　<td>出版社</td><td>单价</td><td>订单号</td>
(33)　<td>订购数量</td><td>金额</td></tr>
(34)　<? //步骤4:得到查询结果的数据记录集合
(35)　$find_value=trim($_POST["find_value"]);//查询值$_POST["find_value"]
(36)　if (strlen($find_value)>0){//输入了查询条件得到符合条件的数据集合
(37)　$tb_caption.=" 查询条件:$find_field='$find_value'";
(38)　$cmd="select member.会员电话,姓名,书名,出版社,订单号,
(39)　单价,订购数量,单价*订购数量
(40)　from member,sales,book where sales.会员电话=member.会员电话
(41)　and sales.图书编号=book.图书编号 and 姓名='$find_value'";
(42)　}else {//没有输入查询条件得到所有数据集合
(43)　$cmd="select member.会员电话,姓名,书名,出版社,订单号,
(44)　单价,订购数量,单价*订购数量
(45)　from member,sales,book where sales.会员电话=member.会员电话
(46)　and sales.图书编号=book.图书编号";
(47)　}
(48)　$data=mysqli_query($conn,$cmd) or die ("
数据表无记录。$return");
(49)　//步骤5:逐条显示表格记录
(50)　$i=1; //显示序号

```
(51) while ( $record= mysqli_fetch_array($data)) {
(52) print '<tr>';//循环打印一行
(53) print '<td>'.$i.'</td> ';//打印序号项
(54) for ($j= 0;$j<8;$j+ + ) { //循环打印字段值
(55) if (strlen(trim($record[$j]))<= 0) {
(56) print '<td></td> ';
(57) }else {
(58) print '<td>'.$record[$j].'</td> ';
(59) }//if 结束
(60) }//for 结束
(61) print '</tr>';
(62) $i= $i+ 1;
(63) } //while 结束
(64) print '</table>'; //结束表格
(65) print "记录数: ".mysqli_num_rows($data) ;//显示记录个数
(66) ? >
(67) </body>
(68) </html>
```

提示：例 8.11 题目涉及三个数据表加工。注意第(36)～(47)条语句的表示方法。

8.4.3 统计记录

数据处理中有时需要统计数据表的记录个数，计算数值数据的平均值、求和等。本节以第三章的网络图书销售数据库模型为例，说明利用 PHP 技术进行数据统计的应用。

【例 8.12】 设计 e8_12.php 程序，统计数据表的数据。设计要求如下：

(1) 网页标题栏显示"显示数据表的统计结果"的提示。

(2) 利用表格显示目前的注册会员人数、销售的图书种类、占用的资金数、库存总册数、平均单价、总销售额、销售数量、订单数量、下单会员数量的信息。如图 8.12 所示的浏览结果。

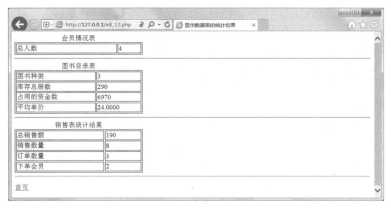

图 8.12　例 8.12 网页程序的浏览结果

e8_12.php 程序的代码如下：

```
(1) <!doctype html>
(2) <html>
(3) <head>
(4) <meta charset="utf-8">
(5) <title>显示数据表的统计结果</title>
(6) </head>
(7) <body>
(8) <?
(9) //步骤 1:连接数据库服务器和数据库
(10) $db_name="bookstore";//数据库名称
(11) include 'e8_link_serv_db.php';
(12) //步骤 2:会员情况表的结果
(13) $cmd="select count(*) from member ";
(14) $data=mysqli_query($conn,$cmd) or die ("<br>会员数据表无记录。");
(15) $record=mysqli_fetch_array($data);
(16) $rec_count=$record[0];//在册人数
(17) ?>
(18) <table width="300" border="1">
(19) <caption>会员情况表</caption>
(20) <tr><td>总人数</td><td><? print $rec_count ?></td></tr>
(21) </table>
(22) <hr>
(23) <? //步骤 3:图书目录表
(24) $cmd="select * from book ";
(25) $data=mysqli_query($conn,$cmd) or die ("<br>图书目录表无记录。");
(26) $rec_count=mysqli_num_rows($data);//图书种类数
(27) $cmd="select sum(数量),sum(数量*单价),avg(单价) from book ";
(28) $data=mysqli_query($conn,$cmd) or die ("<br>图书目录表无记录。");
(29) $record=mysqli_fetch_array($data);
(30) ?>
(31) <table width="300" border="1">
(32) <caption>图书目录表</caption>
(33) <tr><td>图书种类</td><td><? print $rec_count ?></td></tr>
(34) <tr><td>库存总册数</td><td><? print $record[0]?></td></tr>
(35) <tr><td>占用的资金数</td><td><? print $record[1] ?></td></tr>
(36) <tr><td>平均单价</td><td><? print $record[2] ?></td></tr>
(37) </table>
(38) <hr>
(39) <? //步骤 4:销售表的结果
```

(40) $cmd= "select sum(订购数量* 订购单价) from sales ";
(41) $data= mysqli_query($conn,$cmd) or die ("
销售表无记录。
");
(42) $record= mysqli_fetch_array($data);
(43) $xsje= $record[0]; //销售额
(44) $cmd= "select sum(订购数量) from sales ";
(45) $data= mysqli_query($conn,$cmd) or die ("
销售表无记录。
");
(46) $record= mysqli_fetch_array($data);
(47) $xssl= $record[0];// 销售数量
(48) $cmd= "select count(distinct(订单号)) from sales";
(49) $data= mysqli_query($conn,$cmd) or die ("
销售表无记录。
");
(50) $record= mysqli_fetch_array($data);
(51) $ddsl= $record[0];// 订单数量
(52) $cmd= "select count(distinct(会员电话)) from sales";
(53) $data= mysqli_query($conn,$cmd) or die ("
销售表无记录。
");
(54) $record= mysqli_fetch_array($data);
(55) $xdhy= $record[0];// 下单会员
(56) ?>
(57) <table width= "300" border= "1">
(58) <caption>销售表统计结果</caption>
(59) <tr><td>总销售额</td><td><? print $xsje ?></td></tr>
(60) <tr><td>销售数量</td><td><? print $xssl ?></td></tr>
(61) <tr><td>订单数量</td><td><? print $ddsl ?></td></tr>
(62) <tr><td>下单会员</td><td><? print $xdhy ?></td></tr>
(63) </table>
(64) <hr>
(65) <p><a href= "index.html">首页</a></p>
(66) </body>
(67) </html>

例题分析：例 8.12 练习数据表记录的统计、求和、平均的操作。第(18)～(29)条语句处理会员情况表得到总人数。第(40)～(63)条语句处理销售表得到订单数量,第(60)条语句得到下订单的会员数量。

8.4.4 增加记录

利用 PHP 程序能够将浏览者在网页页面输入的数据保存到数据表。

【例 8.13】 设计 e8_13.php 程序,进行会员注册。设计要求如下：

(1) 网页标题栏显示"增加记录"的提示。

(2) 在网页页面设计表单,利用文本域接收会员电话、姓名、密码、电子邮箱的数据,会员电话不得重复,经检测数据符合规范要求后,将数据保存到 member 会员情况表。如图 8.13 所示的浏览结果。

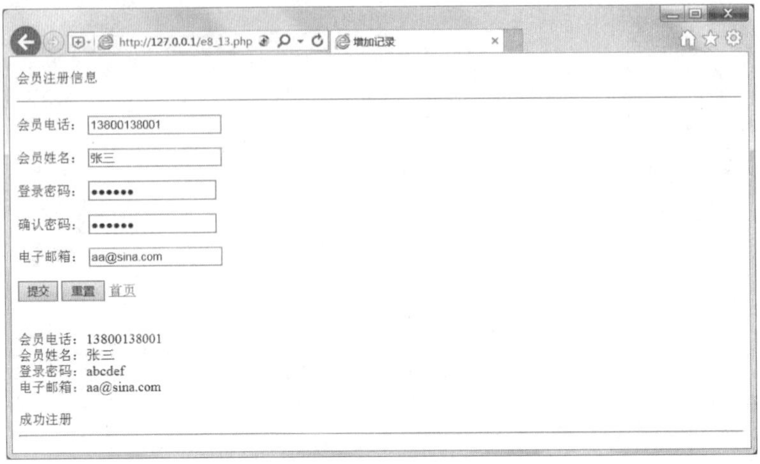

图 8.13　例 8.13 网页程序的浏览结果

e8_13.php 程序的代码如下：

```
(1) <!doctype html>
(2) <html>
(3) <head>
(4) <meta charset="utf-8">
(5) <title>增加记录</title>
(6) </head>
(7) <body>
(8) <?     //步骤1：设置初始变量
(9) $phonErr= $nameErr = $mailErr = $pwdErr = $pwd2Err= "";//错误提示信息
(10) $phon = $name = $mail= $pwd = $pwd2= "";//修正后的标准数据
(11) //步骤2：检测数据的规范性
(12) if ($_SERVER["REQUEST_METHOD"] == "POST") { //单击提交按钮
(13) //检测电话项
(14) if (empty($_POST["phon"]) or
(15) ! preg_match("/^([1—9]{1)}+[0—9]{10}+ $/",$_POST["phon"]) )
(16) { $phonErr = "需要填写11个数字符号.";          }
(17) else { $phon = htmlspecialchars(stripslashes(trim($_POST["phon"])));}
(18) //检测姓名项
(19) if (empty($_POST["name"]) or
(20) ! preg_match("/^[\x{4e00}-\x{9fa5}]{2,4}+ $/u", $_POST["name"]))
(21) { $nameErr = "至少需要填写2个汉字.";          }
(22) else { $name = htmlspecialchars(stripslashes(trim($_POST["name"])));}
(23) //检测密码项
(24) if (empty($_POST["pwd"]) or
(25) ! preg_match("/^([a-zA-Z0-9]{6})+ $/",$_POST["pwd"]) )
(26) { $pwdErr = "需要填写字母或数字6位符号";          }
```

(27) else {$pwd = htmlspecialchars(stripslashes(trim($_POST["pwd"])));}
(28) //检测确认密码项
(29) if (empty($_POST["pwd2"]) or strcmp($_POST["pwd"],$_POST["pwd2"])!=0)
(30) { $pwd2Err = "输入密码与确认密码不一致。";   }
(31) else { $pwd2= htmlspecialchars(stripslashes(trim($_POST["pwd2"])));}
(32) //检测邮箱项
(33) if (empty($_POST["mail"]) or ! preg_match
(34) ("/^\w+([-+.]\w+)*@\w+([-.]\w+)*\.\w+([-.]\w+)*$/",$_POST["mail"]))
(35) { $mailErr = "需要填写规范的邮箱格式。";   }
(36) else { $mail= htmlspecialchars(stripslashes(trim($_POST["mail"])));}
(37) } ?>
(38) <p>会员注册信息</p> <!--步骤3: 利用表单接收会员信息-->
(39) <hr>
(40) <form name="form1" action="<? print $_SERVER['PHP_SELF'];?>" method="post">
(41) <p>会员电话:<input name="phon" type="text" size="20" maxlength="11"
(42) value='<? print $_POST["phon"];?>'>
(43) <span class="error"> <? print $phonErr;?></span> </p>
(44) <p>会员姓名:<input name="name" type="text" size="20"
(45) value='<? print $_POST["name"];?>'>
(46) <span class="error"> <? print $nameErr;?></span> </p>
(47) <p>登录密码:<input name="pwd" type="password" size="20"
(48) value='<? print $_POST["pwd"];?>'>
(49) <span class="error"> <? print $pwdErr;?></span> </p>
(50) <p>确认密码:<input name="pwd2" type="password" size="20"
(51) value='<? print $_POST["pwd2"];?>'>
(52) <span class="error"> <? print $pwd2Err; ?></span></p>
(53) <p>电子邮箱:<input name="mail" type="text" size="20"
(54) value='<? print $_POST["mail"];?>'>
(55) <span class="error"> <? print $mailErr;?></span> </p>
(56) <p><input name="submit" type="submit" value="提交">
(57) <input name="reset" type="reset" value="重置">
(58) <a href="index.html">首页</a> </p>
(59) </form>
(60) <? //步骤4: 处理接收的数据
(61) if (strlen($phon)>0 and strlen($name)>0 and strlen($mail)>0 and
(62) strlen($pwd)>0 and strlen($pwd2)>0)   {//如果数据符合规范
(63) //步骤4.1:连接数据库服务器和数据库
(64) $db_name="bookstore";//数据库名称
(65) include 'e8_link_serv_db.php';
(66) //步骤4.2 检测是否重复注册
(67) $cmd=" select * from member where 会员电话='$phon'";
(68) $data= mysqli_query($conn,$cmd) or die ("
数据表无记录。
");

```
(69) if (mysqli_num_rows($data)>0) { //电话号码已经存在
(70)     die ("<br> ".$_POST["phon"]." 禁止再次注册!
(71)     <a href='".$_SERVER["PHP_SELF"]."'>返回</a>");
(72) }
(73) //步骤4.3 增加记录到数据表
(74) $cmd= "insert into member (会员电话,姓名,密码,电子邮箱) values ";
(75) $cmd.= "('$phon','$name','$pwd','$mail')";
(76) $data= mysqli_query($conn,$cmd) or
(77) die ("<br>增加数据表记录失败。<br>");
(78) //步骤4.4 显示接收到的数据
(79) print "<br>会员电话:$phon";
(80) print "<br>会员姓名:$name";
(81) print "<br>登录密码:$pwd";
(82) print "<br>电子邮箱:$mail";
(83) print "<br><br>成功注册";
(84) } ?>
(85) <hr>
(86) </body>
(87) </html>
```

例题分析:

(1) 第(8)~(10)条语句设置变量,用于显示错误提示和保存有效的数据。

(2) 第(12)~(37)条语句对输入的会员电话、姓名、密码、邮箱数据进行规范检测,要求会员电话必须是11位数字,首位不得为0,姓名为2个以上汉字,密码为6位字母或数字,两次密码必须一致,邮箱必须符合规范的格式。

(3) 第(40)~(59)条语句设计了表单,利用文本域接收输入的会员电话(phon)、姓名(name)、密码(pwd)、电子邮箱(mail)。第(56)~(57)条语句设计了提交和重置按钮。第(58)条语句设计了超级链接,链接到 index.html 网页程序。表单输入的数据以 post 方式自传送进行数据检测。

(4) 第(60)~(77)条语句处理数据。第(67)~(72)条语句检测输入的会员电话是否已经存在,如果不存在,那么第(74)~(77)条语句保存输入的数据。第(74)~(77)条语句是本程序的核心语句。第(79)~(83)条语句显示增加的数据。

8.4.5 修改记录

利用 PHP 程序能够修改数据表的数据。

【例 8.14】 设计 e8_14.php 程序,修改数据表的数据。设计要求如下:

(1) 网页标题栏显示"修改会员密码"的提示。

(2) 设计修改会员情况表会员密码的 php 程序。在网页页面设计表单,利用文本域接收会员电话、旧密码、新密码、确认新密码的数据,利用 php 程序检测输入的数据是否符合规范要求,如果符合规范,那么修改所输入的会员密码。如图 8.14 所示的浏览结果。

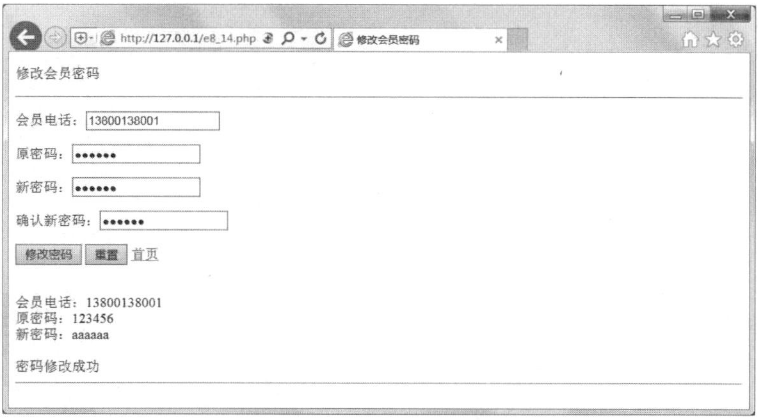

第八章 PHP 程序与 MySQL 数据库的操作

图 8.14 例 8.14 网页程序的浏览结果

e8_14.php 程序的代码如下：

```
(1) <!doctype html>
(2) <html>
(3) <head>
(4) <meta charset= "utf-8">
(5) <title>修改会员密码</title>
(6) </head>
(7) <body>
(8) <?      //步骤1：设置初始变量
(9) $phonErr= $pwdErr= $pwd1Err= $pwd2Err= ""; //错误提示信息
(10) $phon = $pwd= $pwd1= $pwd2= "";           //修正后的标准数据
(11) //步骤2：检测数据的规范性
(12) if ($_SERVER["REQUEST_METHOD"] == "POST") { //单击提交按钮
(13) //检测电话项
(14) if (empty($_POST["phon"]) or
(15) ! preg_match("/^([1—9]{1})+ [0—9]{10}+ $/",$_POST["phon"]) )
(16) { $phonErr = "需要填写 11 个数字符号.";        }
(17) else { $phon= htmlspecialchars(stripslashes(trim($_POST["phon"])));}
(18) //检测旧密码项
(19) if (empty($_POST["pwd"]) or
(20) ! preg_match("/^([a-zA-Z0-9]{6})+ $/",$_POST["pwd"]) )
(21) { $pwdErr = "需要填写字母或数字 6 位符号";       }
(22) else {$pwd= htmlspecialchars(stripslashes(trim($_POST["pwd"])));}
(23) //检测新密码项
(24) if (empty($_POST["pwd1"]) or
(25) ! preg_match("/^([a-zA-Z0-9]{6})+ $/",$_POST["pwd1"]) )
(26) { $pwd1Err = "需要填写字母或数字 6 位符号";      }
(27) else {$pwd1= htmlspecialchars(stripslashes(trim($_POST["pwd1"])));}
```

(28) //检测确认新密码项
(29) if ((empty($_POST["pwd2"]) or ($_POST["pwd1"]== $_POST["pwd2"]))
(30) { $pwd2Err = "输入密码与确认密码不一致。";   }
(31) else { $pwd2 = htmlspecialchars(stripslashes(trim($_POST["pwd2"])));}
(32) }   ?>
(33) <p>修改会员密码</p> <!--步骤3：利用表单接收会员信息-->
(34) <hr>
(35) <form name="form1" action="<? print $_SERVER['PHP_SELF'];?>" method="post">
(36) <p>会员电话:<input name="phon" type="text" size="20" maxlength="11"
(37) value='<? print $_POST["phon"];?>' >
(38) <span class="error"> <? print $phonErr;?></span> </p>
(39) <p>原密码:<input name="pwd" type="password" size="20" maxlength="6"
(40) value='<? print $_POST["pwd"];?>'>
(41) <span class="error"> <? print $pwdErr;?></span></p>
(42) <p>新密码:<input name="pwd1" type="password" size="20" maxlength="6"
(43) value='<? print $_POST["pwd1"];?>'>
(44) <span class="error"> <? print $pwd1Err;?></span></p>
(45) <p>确认新密码:<input name="pwd2" type="password" size="20" maxlength="6"
(46) value='<? print $_POST["pwd2"];?>'>
(47) <span class="error"> <? print $pwd2Err; ?></span></p>
(48) <p><input name="submit" type="submit" value="修改密码">
(49) <input name="reset" type="reset" value="重置">
(50) <a href="index.html">首页</a> </p>
(51) </form>
(52) <? //步骤4：处理接收的数据
(53) if (strlen($phon)>0 and strlen($pwd)>0 and
(54) strlen($pwd1)>0 and strlen($pwd2)>0) {//如果数据符合规范
(55) //步骤4.1:连接数据库服务器和数据库
(56) $db_name="bookstore";   //数据库名称
(57) include 'e8_link_serv_db.php';
(58) //步骤4.2检测会员是否存在
(59) $cmd="select 会员电话 from member
(60) where 会员电话='$phon' and 密码='$pwd'";
(61) $data= mysqli_query($conn,$cmd) or die ("
数据表无记录。
");
(62) if (mysqli_num_rows($data)<= 0) { //电话号码不存在
(63) die ("
 ".$_POST["phon"]." 此会员不存在或原密码错误!
(64) <a href='".$_SERVER["PHP_SELF"]."'>返回</a>") ;
(65) }
(66) //步骤4.3修改数据表的记录
(67) $cmd="update member set 密码='$pwd1'
(68) where 会员电话='$phon' and 密码='$pwd'";

```
(69) $data= mysqli_query($conn,$cmd) or
(70) die ("<br>修改数据表记录失败。<br>");
(71) //步骤 4.4 显示接收到的数据
(72) print "<br>会员电话:$phon";
(73) print "<br>原密码:$pwd";
(74) print "<br>新密码:$pwd1";
(75) print "<br><br>密码修改成功";
(76) } ? >
(77) <hr>
(78) </body>
(79) </html>
```

例题分析：

(1) 第(8)～(10)条语句设置变量，用于显示错误提示和保存有效的数据。

(2) 第(11)～(32)条语句对输入的会员电话、原密码、新密码、确认新密码数据进行规范检测，要求会员电话必须是 11 位数字，首位不得为 0，所有密码为 6 位字母或数字，新密码和确认新密码必须一致。

(3) 第(35)～(51)条语句设计了表单，利用文本域接收输入的会员电话(phon)、原密码(pwd)、新密码(pwd1)、确认新密码(pwd2)。第(48)～(49)条语句设计了提交和重置按钮，第(50)条语句设计了超级链接，链接到 index.html 网页程序。表单输入的数据以 post 方式自传送进行数据检测。

(4) 第(59)～(65)条语句检测输入的会员电话是否已经存在，如果存在，那么第(66)～(70)条语句修改数据表的数据。第(66)～(70)条语句是本程序的核心语句。第(72)～(75)条语句显示数据。

8.4.6 删除记录

利用 PHP 程序能够删除数据表的记录。

【例 8.15】 设计 e8_15.php 程序，删除数据表的记录。设计要求如下：

(1) 网页标题栏显示"删除记录"的提示。

(2) 设计删除会员情况表(member)记录的 php 程序。在网页页面设计表单，利用文本域接收会员电话，利用 php 程序检测输入的数据记录是否在会员情况表(member)存在，如果存在则将其删除。由于会员情况表(member)和销售表(sales)按照会员电话项存在关联关系，因此需要同时删除销售表(sales)中对应的记录。如图 8.15 所示的浏览结果。

图 8.15 例 8.15 网页程序的浏览结果

e8_15.php 网页程序的代码如下：

```
(1) <!doctype html>
(2) <html>
(3) <head>
(4) <meta charset="utf-8">
(5) <title>删除记录</title>
(6) </head>
(7) <body>
(8) <?    //步骤1：设置初始变量
(9) $phonErr="";          //错误提示信息
(10) $phon = "";           //修正后的标准数据
(11) //步骤2：检测数据的规范性
(12) if ($_SERVER["REQUEST_METHOD"] == "POST") { //单击提交按钮
(13) if (empty($_POST["phon"]) )    //检测电话项
(14) $phonErr = "需要填写会员电话.";
(15) else
(16) $phon = htmlspecialchars(stripslashes(trim($_POST["phon"])));
(17) } ?>
(18) <p>删除会员记录</p> <!--步骤3：利用表单接收会员信息-->
(19) <hr>
(20) <form name="form1" action="<?print $_SERVER['PHP_SELF'];?>" method="post">
(21) <p>会员电话:<input name="phon" type="text" size="20" maxlength="11"
(22) value='<?print $_POST["phon"];?>' >
(23) <span class="error"> <? print $phonErr;?></span> </p>
(24) <p><input name="submit" type="submit" value="删除记录">
(25) <input name="reset" type="reset" value="重置">
(26) <a href="index.html">首页</a>  </p>
(27) </form>
(28) <? //步骤4：处理接收的数据
(29) if ( strlen($phon)>0 ) {//如果数据符合规范
(30) //步骤4.1:连接数据库服务器和数据库
(31) $db_name="bookstore"; //数据库名称
(32) include 'e8_link_serv_db.php';
(33) //步骤4.2 检测会员是否存在
(34) $cmd="select 会员电话 from member where 会员电话='$phon'";
(35) $data=mysqli_query($conn,$cmd) or die ("<br>数据表无记录。<br>");
(36) if (mysqli_num_rows($data)>0) { //电话号码存在
(37) //步骤4.3 删除会员情况表的记录
(38) $cmd="delete from    member where 会员电话='$phon'";
(39) $data= mysqli_query($conn,$cmd) or
(40) die ("<br>删除数据表记录失败。<br>");
```

```
(41) //步骤 4.4 删除销售表的记录
(42) $cmd= "delete from    sales where 会员电话='$phon'";
(43) $data= mysqli_query($conn,$cmd) or
(44) die ("<br>删除数据表记录失败。<br>");
(45) print "<br>会员电话:$phon";
(46) print "<br><br>会员删除成功";
(47) } else { //电话号码不存在
(48) die ("<br>   ".$_POST["phon"]." 电话号码不存在. ");
(49) }
(50) } ? >
(51) <hr>
(52) </body>
(53) </html>
```

例题分析：

(1) 第(9)～(10)条语句设置变量，用于显示错误提示和保存有效的数据。

(2) 第(12)～(17)条语句对输入的会员电话数据进行规范检测。

(3) 第(18)～(27)条语句设计了表单，利用文本域接收输入的会员电话(phon)。第(24)～(25)条语句设计了提交和重置按钮。第(26)条语句设计了超级链接，链接到 index.html 网页程序。表单输入的数据以 post 方式自传送进行数据检测。

(4) 第(28)～(60)条语句处理数据。第(36)～(47)条语句检测输入的会员电话是否已经存在，如果存在，那么第(42)～(46)条语句删除数据表的数据。第(42)～(46)条语句是本程序的核心语句。

思 考 题

1. PHP 技术的职能和 MySQL 技术的职能是什么？
2. 利用 PHP 操作 MySQL 数据库需要做哪些处理？
3. 写出 PHP 连接到 MySQL 服务器的语句。
4. 写出 PHP 连接到数据库的语句。
5. 写出 PHP 连接到数据表的语句。
6. 如何书写定义表单语句，将表单提交的数据传送给自身网页程序进行处理？
7. 本章利用 PHP 技术处理数据库、数据表数据的语句有哪些？职能是什么？
8. 调试本章例题，分析实现程序操作的核心语句。

第九章 网络数据库应用技术示例

本章以网络图书销售信息管理系统的应用为案例,介绍设计和开发互联网络信息管理系统的方法。包括以下内容:
➢ 网络图书销售信息管理系统概述。
➢ 网站导航的网页页面。
➢ 会员注册和登录的网页页面。
➢ 显示数据记录的网页页面。
➢ 留言板管理的网页程序。

学习本章要了解开发网络信息管理系统的过程,结合实际应用系统会设计应用软件系统的数据库模型和软件的功能模块,掌握网站的主页、导航菜单、会员登录、增加数据、显示数据和留言板管理程序的设计方法。

9.1 网络图书销售信息管理系统概述

网络图书销售信息管理系统是利用互联网作为技术平台,通过建立网络图书销售的网站,在网站中存储图书信息、会员信息和图书销售信息,浏览者通过浏览网页页面对有关信息进行管理的系统。

网络图书销售信息管理系统属于计算机信息管理系统范畴,结合网络图书销售信息管理系统案例的设计思想,可以设计网络票务管理系统、酒店客房订购系统、物流信息管理系统。本节介绍网络图书销售信息管理系统的开发过程,包括系统的开发步骤、系统的设计思想、设计数据模型、设计网页程序等内容。

9.1.1 系统的开发步骤

本书结合网络图书商城的应用,说明网络信息管理系统的开发步骤:
(1)仔细分析网络图书销售信息管理系统的应用需求、数据流程关系。
(2)配置网络信息管理系统的开发环境。
(3)设计网络图书销售信息管理系统的数据库模型。
(4)设计网页程序。
(5)综合调试将网页程序、数据库文件上传至申请的网站。
(6)日常使用、数据维护更新、程序修改更新。

9.1.2 系统的设计思想

网络图书销售信息管理系统的设计思想是利用互联网的资源,借助网络数据库技术,应用网络图书销售信息管理系统软件,实现图书、会员、图书销售信息的网络化管理。

1. 系统构成

网络图书销售信息管理系统包括后台应用系统和前台应用系统,网络图书销售信息管理系统的应用成员包括系统管理员和普通会员两部分。后台系统是面向网络图书销售管理员操作的系统,包括图书管理、销售管理、会员管理、清理数据表等职能;前台系统是面向普通会员操作的系统,包括会员注册、会员登录和图书商城的订单处理、发送留言等职能。

2. 系统管理员的职能

系统管理员登录到图书商城网站后,在后台系统的控制下完成以下操作:

(1) 图书管理。

① 增加图书信息:输入图书信息,增加图书目录表的记录。

② 删除图书信息:根据条件删除图书目录表的记录。

③ 查询图书信息:根据条件查询图书目录表的记录。

④ 统计图书信息:根据条件统计图书信息。

(2) 会员管理。

① 删除会员:根据条件删除会员信息,删除会员情况表数据的记录。

② 查询会员信息:根据条件查询会员表的记录。

③ 统计会员信息:根据条件统计会员信息。

(3) 订单管理。

① 删除订单:根据条件删除订单。

② 订单查询:管理员可以查看图书销售表中的订单,并得到统计信息。

③ 统计订单:管理员根据条件统计订单信息。

④ 日常业务:浏览订单及时处理订单,修改图书销售表的记录,回复会员的留言。

3. 普通会员的职能

普通会员登录到图书商城网站后,在前台系统的控制下完成以下操作:

(1) 会员管理。

① 会员注册:输入会员信息注册成网站会员,增加会员情况表的记录。浏览者以电子邮箱作为网站注册会员的唯一标识。会员情况表中,每个会员的电子邮箱不得重复。

② 会员登录:会员输入注册的电子邮箱和登录密码,登录到网络图书销售网站。

③ 修改会员信息:会员本人修改个人信息,保证会员情况表数据的准确。

④ 会员注销:会员可以从网站注销,删除会员情况表的记录。

(2) 订单管理。

① 填写订单:会员填写订购图书的订单,增加图书销售表的记录。

② 查询订单:会员可以查看图书销售表中自己填写的订单,并得到统计信息。

③ 修改订单:会员修改填写的订单,保证图书销售表数据的准确性。

④ 取消订单:会员可以取消填写的订单,删除图书销售表的记录。

⑤ 会员留言:给网站管理员留言。

如图 9.1 所示,在网络图书销售信息管理系统的应用中,会员和管理员通过登录网站,利用网页程序维护网络图书销售数据库中的图书目录表、会员情况表、图书销售表的数据。

图 9.1 网络图书销售信息管理系统数据流程

9.1.3 数据库模型

1．数据库

网络图书销售信息管理系统建立了网络图书销售数据库，数据库文件名是：bookstore。

2．数据表

参见第三章的网络图书销售数据库模型，包括以下数据表：

(1) 图书目录表(文件名：book)。

在网络图书销售信息管理系统的应用中，图书目录表记录提供给会员选购的图书目录。会员选购书时，屏幕上显示出图书目录表的图书信息，会员可以根据图书目录表的记录，填写订单选择购买图书。网站的管理员可以统计图书的销售品种、库存数量及其价值等信息。

图书目录表的结构包括图书编号、书名、出版社、数量、单价、图书类别、作者、出版时间、主题词、封面图片字段。图书编号不能重复。

(2) 会员情况表(文件名：member)。

在网络图书销售信息管理系统的应用中，只有注册的会员可以登录到网络图书销售网站，可以填写订单、查看订单、取消订单等。网络图书销售信息管理系统的管理员可以借助会员情况表了解会员的情况、信誉度等信息。

会员情况表的结构包括电子邮箱、姓名、密码、身份证号、住址、联系电话、银行名称、银行卡号、会员类别、注册时间字段。目前很多网站以会员的电子邮箱作为登录网站的用户名，这样能保证会员的唯一性，网站的管理员也可以利用电子邮箱，通过给会员发电子邮件加强网站与会员之间的信息交流。会员情况表保存普通会员和网站管理员的注册信息，会员的类别不同执行的操作职能不同。

(3) 图书销售表(文件名：sales)。

在网络图书销售信息管理系统的应用中，图书销售表记录了会员订购的图书信息。系统管理员可以利用图书销售表统计和查询图书销售的情况、销售数量及价值等信息。

图书销售表的结构包括订单号、图书编号、电子邮箱、订购数量、订单日期、订购单价、送货日期、送货人、送货方式、付款方式字段。通过图书编号，图书销售表与图书目录表存在关联关系，通过电子邮箱图书销售表与会员情况表存在关联关系。

(4) 留言内容数据表(文件名：note)。

留言内容数据表保存会员发布的留言信息和管理员回复的信息内容。会员可以给网站的管理员留言，网站的管理员看到留言后可以回复留言，以此加强会员与网站管理员之间的信息交流。

留言内容数据表的结构包括留言人邮箱、留言标题、留言内容、留言时间、回复人邮箱、回复内容、回复时间、留言状态字段。

9.1.4 系统的功能模块

1. 网站的主页

浏览者访问网络图书销售网站的主页(index.php)后,浏览网站的基本信息、网站的概况、网站职能介绍及其注册信息等。可以完成以下操作:

网站主页(index.php)。提供会员登录和会员注册的选项。

会员注册(u_signup.html)。利用输入会员资料的网页页面输入个人资料,注册程序通过对输入数据项的有效性检验,将数据增加到会员情况数据表。会员注册成功后自动跳转到网络图书销售的菜单网页页面(index_menu.php)。

2. 会员资料管理

会员管理主要用于维护会员情况表的信息,包括修改、注销会员信息。

(1) 修改会员信息(u_member_update.html)。修改会员的基本信息。

(2) 修改会员密码(u_member_password.html)。修改会员的密码。

(3) 注销会员信息(u_member_delete.html)。可以删除会员的基本信息。

3. 会员订单管理

(1) 填写订单(u_sales_append.html)。订购图书后形成图书销售数据表的记录。

(2) 删除订单(u_sales_delete.html)。删除已经确定的订单。

(3) 修改订单(u_sales_update.html)。修改已经确定的订单。

(4) 查询订单(u_sales_find.html)。查找订单。

(5) 留言(u_note.php)。会员可以在网站留言。

4. 图书管理

(1) 增加图书信息(b_book_append.html)。形成图书目录数据表的记录。

(2) 浏览图书目录(b_book_browse.html)。浏览图书目录表的信息。

(3) 图书查询(b_book_find.html)。查询、统计图书信息。

5. 销售管理

(1) 统计订单(b_sell_stat.php)。根据图书销售表统计图书的销售信息。

(2) 删除订单(b_sell_delete.html)。删除已经确定的订单。

(3) 查询订单(b_sell_find.html)。查找订单。

6. 会员管理

(1) 统计会员信息(b_member_stat_.php)。根据会员情况表统计会员信息。

(2) 删除会员(b_member_delete.html)。本职能可以删除会员信息。

(3) 查询会员(b_member_find.html)。本职能可以查询会员信息。

7. 网站管理

(1) 清理数据表(b_init.php)。本职能清除所有数据表中的记录。

(2) 留言管理(b_note.php)。管理留言信息。

8. 系统公共程序模块

系统公共程序模块(u_function.php)是指其他网页程序都需要用到的公共程序段落。

提示：本章结合网络图书销售信息管理系统的应用，设计了软件系统的基本职能，给出了部分网页程序的代码仅供参考。其他网页程序请读者自行设计。

9.1.5 系统的开发环境

1. 需要安装的开发工具

开发网络图书销售信息管理系统，要配制开发环境。详细内容见本书第二章。

2. 文件的存储结构

网络图书销售信息管理系统的文件存储结构：

(1) D:/appserv/MySQL/data/存储数据库和数据表文件。

(2) D:/appserv/www/book_shop/存储网络图书销售信息管理系统的网页程序文件。

由于 Apache 服务器网站默认文件夹是 D:/appserv/www/，网站的主页文件 index.html 或 index.php 必须保存在这个文件夹，浏览者才能方便地浏览网页程序。但是为了有效地管理网页程序，在 D:/appserv/www/文件夹下建立了 D:/appserv/www/book_shop/文件夹，用于保存与网络图书销售信息管理系统有关的程序。

设计 D:/appserv/www/index.php 主页文件时，如果主程序要连接网络图书销售信息管理系统的主页文件（如 D:/appserv/www/book_shop/index.php）时，要用到下列格式的语句：

```
<?
header("location:../book_shop/index.php");
?>
```

9.1.6 系统的自定义函数

1. 系统的自定义函数

系统的自定义函数是为了提高程序设计效率而设计的程序段落。其他网页程序能够调用这些段落，这样便于程序维护。

2. 自定义函数程序

为了保持网站页面的显示风格统一，提高程序设计的效率，设计公共函数。

【例 9.1】 设计 u_funciton.php 网页程序，设计公共函数。

(1) 设计 pag_top($pag_top_caption,$pag_top_note)函数，显示页面顶部的标题。

(2) 设计 pag_bottom($pag_bottom_caption,$web_email)函数，显示页面底部的提示。

(3) 设计 function pag_menu($menu_disp)函数，显示页面菜单的提示。

u_funciton.php 网页程序的语句代码如下：

```
(1) <? // pag_top($pag_top_caption,$pag_top_note)
(2) $pag_top_caption= "网络图书销售信息管理系统";
(3) $pag_top_note= "";
(4) // pag_bottom($pag_bottom_caption,$web_email);
(5) $pag_bottom_caption= "网络图书销售信息管理系统教学演示";
(6) $web_email= 'my_mail@163.com';
(7) function pag_top($pag_top_caption,$pag_top_note){//页面顶部显示2行提示
(8) $pag_top_note.= "现在时刻:".date("H时 s分 i秒");
```

```
(9)  print "<table align='center' width='710' border='0'>";//无边框的表格
(10)    //表格的第一行显示$pag_top_caption的结果
(11)    print " <tr><td width='700' height='40'>";
(12)    print " <h3><strong>$pag_top_caption</strong></h3>";
(13)    print " </marquee></td></tr>";
(14)    //表格的第二行以滚动文字的形式显示$pag_top_note的结果
(15)    print "<tr><td bgcolor='#99FFFF'>";
(16)    print "<marquee>$pag_top_note</marquee></td></tr>";
(17)    print "</table>";
(18) }
(19) function pag_bottom($pag_bottom_caption,$web_email){//页面底部显示2行提示
(20)    print "<hr>";
(21)    print "<table align='center' width='710' border='0'>";//无边框的表格
(22)    print "<tr><td align='center'>$pag_bottom_caption</td></tr>";
(23)    print "<tr><td align='center'>联系本站:".$web_email."</a></td>";
(24)    print "</tr>";
(25)    print "</table>";
(26) }
(27) function pag_menu($menu_disp){//网页页面菜单
(28)    include "u_pag_menu.php";   //调用菜单数据文件
(29)    if ($menu_disp==1) //根据权限设置不同的菜单项
(30)        $menu_item=$menu_1;
(31)    else
(32)    if ($menu_disp==2) //根据权限设置不同的菜单项
(33)        $menu_item=$menu_2;
(34)    else
(35)        $menu_item=$menu_1.$menu_2;
(36)    //显示菜单
(37)    $item_count=count($menu_item);//菜单项目数
(38)    $table_width=$item_count*5*15;
(39)    print "<table align='center' border='0'>";
(40)    print "<tr>";
(41)    for ($i=0;$i<$item_count;$i++){ //如果网页已经建立就进行超级链接否则不显示
(42)        if (file_exists($menu_item[$i][1])) {
(43)            print "<td height='6'><h5>";
(44)            print "<a href='".$menu_item[$i][1]."'>".$menu_item[$i][0]."</a>";
(45)            print "</h5></td>";
(46)        }
(47)    }
(48)    print "</tr>";
(49)    print "</table>";
(50) }
(51) ?>
```

例题分析：第(2)~(6)条语句建立了系统用到的数据变量。第(7)~(18)条语句建立了 pag_top( )函数设计网页程序的顶部。第(19)~(26)条语句建立了 pag_bottom( )函数设计网页程序的底部。第(27)~(50)条语句建立了 pag_menu( )函数显示菜单条目。第(28)条语句调用菜单数据文件，u_pag_menu.php 菜单数据文件的语句代码如下：

```
(1)   <?/* 菜单数据文件,该程序由 u_function.php 的 pag_menu( )函数调用。
(2)       实际应用在 index_menu.php,该文件记录普通会员、系统管理员的菜单条
(3)       目名称和对应的超级链接文件名,每个菜单条目由2项组成,某个菜单条目
(4)       为""空白表示空缺或没有建立网页程序。*/
(5)   //普通会员
(6)   $menu_1= array(array("会员管理",""),
(7)           array("修改信息","u_member_update.html"),
(8)           array("修改密码","u_member_password.html"),
(9)           array("注销会员","u_member_delete.html"),
(10)          array("订单管理",""),
(11)          array("填写订单","u_sell_append.html"),
(12)          array("删除订单","u_sell_delete.html"),
(13)          array("修改订单","u_sell_update.html"),
(14)          array("查询订单","u_sell_find.html"),
(15)          array("留言","u_note.php"),
(16)          array("退出","b_exit.php")
(17)        );
(18)  //系统管理员
(19)  $menu_2= array( array("图书信息",""),
(20)          array("增加图书信息","b_book_append.html"),
(21)          array("浏览图书目录","b_book_browse.html"),
(22)          array("图书查询","b_book_find.html"),
(23)          array("销售管理",""),
(24)          array("统计订单","b_sell_stat.php"),
(25)          array("删除订单","b_sell_delete.html"),
(26)          array("查询订单","b_sell_find.html"),
(27)          array("会员管理",""),
(28)          array("统计会员信息","b_member_stat.php"),
(29)          array("删除会员","b_member_delete.html"),
(30)          array("查询会员","b_member_find.html"),
(31)          array("网站管理",""),
(32)          array("清理数据表","b_init.php"),
(33)          array("留言管理","b_note.php"),
(34)          array("退出","b_exit.php")
(35)        );
(36)  ?>
```

例题分析：网络信息管理系统通过菜单为浏览者提供网页的跳转,本例题将菜单程序和

菜单的职能分离,菜单项目发生改变只要修改菜单的数据文件,不必修改菜单的程序文件。这样设计的菜单系统更加灵活。

9.2 网站的主页页面

9.2.1 设计说明

1. 主页页面

网站的主页是浏览者访问网站时第一个看到的页面,网站主页的文件名一般是 index.php 或 index.html。主页页面一般显示网站的介绍、管理员联系方式、登录、注册等。

2. 主页页面的规划

设计网站主页前要规划好网站的页面风格,颜色搭配要合理,尽量保证页面统一。网络图书商城演示系统分成以下区域:

(1) 页面顶部,出现 logo 图片和网站标题文字。

(2) 网页页面中间部分,显示网站介绍。操作职能提示包括注册、登录等。

(3) 网页底部出现版本信息、联系方式等内容。

3. 主页程序的设计思想

网络图书销售信息管理系统的主页程序的设计思想是:

(1) 浏览者在主页页面(index.php)输入电子邮箱(u_mail)和登录密码(u_pwd)。

(2) 检测程序(index_check.php)检测浏览者是否已经在会员情况表(member)中注册,如果没有注册,返回到主页页面(index.php)。如果已经注册,那么出现网站的菜单页面(index_menu.php)。

(3) 在网站的菜单页面(index_menu.php),浏览者可以选择菜单选项完成操作,此时要切换到网页程序的其他页面,为了保证浏览者能够从其他页面跳转回网站的菜单页面(index_menu.php),需要建立会话变量,例如 $_SESSION["u_mail"]保存的是已经注册的浏览者的电子邮箱。浏览者切换回网站的菜单页面(index_menu.php)时,index_menu.php 程序首先检测浏览者是否注册,如果没有注册,那么禁止浏览者浏览网站。所以,会话变量的主要作用是实现网页数据交换,以便完成网页切换。

9.2.2 网站主页程序

1. 主页网页程序

【例 9.2】 设计 index.php 网站主页文件,进行登录或注册。程序设计要求:网页页面出现标题、导航提示、站点说明、站点邮箱提示。在主页页面输入会员电子邮箱和会员密码后,index_menu.php 网页程序进行数据处理。在网页页面出现以下内容:

(1) 显示"网络图书销售信息管理系统"的标题提示。

(2) 显示"网站简介"文本区域,介绍网页程序的操作提示。

(3) 显示"会员注册"超级链接选项,链接到 u_signup.html 网页程序。

(4) 在文本域输入会员电话和会员密码,单击"登录"按钮后,输入的会员电话和密码以 POST 方式传送到 index_check.php 网页程序。

(5) 显示联系本站的电子邮箱提示。

得到如图 9.2 所示的浏览结果。

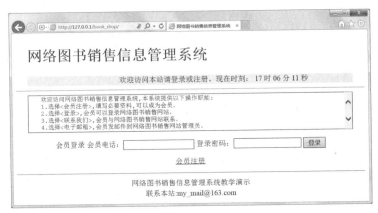

图 9.2 例 9.2 网页程序浏览结果

index.php 网页程序的语句代码如下:

```
(1)   <?//系统初始化,清理会话变量
(2)   session_start();
(3)   if (isset($_SESSION["u_phon"])) {
(4)   session_destroy();
(5)   }
(6)   ?>
(7)   <!doctype html>
(8)   <html>
(9)   <head>
(10)  <meta charset="utf-8">
(11)  <title>网络图书销售信息管理系统</title>
(12)  </head>
(13)  <body>
(14)  <?//网页页面顶部
(15)  include "u_function.php"; //导入外部文件
(16)  $pag_top_note='欢迎访问本站请登录或注册。';
(17)  //$pag_top_caption,$pag_top_note 在 u_function.php 设置
(18)  pag_top($pag_top_caption,$pag_top_note);
(19)  ?>
(20)  <div align="center">
(21)  <hr><!--设置网站操作说明-->
(22)  <form name="form1" method="post" action="index_check.php">
(23)  <!--设置站点提示信息-->
(24)  <textarea name="textarea" cols="85" rows="5">
(25)  欢迎访问网络图书销售信息管理系统,本系统提供以下操作职能:
(26)  1.选择<会员注册>,填写必要资料,可以成为会员。
(27)  2.选择<登录>,会员可以登录网络图书销售网站。
(28)  3.选择<联系我们>,会员与网络图书销售网站联系。
```

```
(29)        4.选择〈电子邮箱〉,会员发邮件到网络图书销售网站管理员。
(30)        </textarea>
(31)        <!-- 会员登录 -->
(32)        <p align="center">会员登录
(33)        会员电话:<input name="u_phone" type="text" size="20">
(34)        登录密码:<input name="u_pwd" type="password" maxlength="6">
(35)        <input name="u_return" type="submit" value="登录"></p>
(36)        <p><a href="u_signup.php">会员注册</a></p>
(37)        </form>
(38)        <? //页面底部$pag_bottom_caption,$web_email在u_function.php设置
(39)        pag_bottom($pag_bottom_caption,$web_email);
(40)        ?>
(41)        </div>
(42)        </body>
(43)        </htm>
```

例题分析:index.php 网页程序的第(1)～(6)条语句,首先清除客户端的会话变量 $_SESSION["u_phone"]的值,表示浏览者没有提供正确的注册会员电话时,将不能浏览网站信息。第(14)～(19)条语句设计网页页面的顶部。第(32)～(35)条语句输入会员电话和登录密码,检测是否为已经注册的会员,如果是已经注册的会员,则设置会话变量 $_SESSION["u_phone"]的值,后续各子页面将利用该值进行处理。第(36)条语句利用超级链接注册会员信息。第(38)～(40)条语句设计网页页面的底部。

2. 处理数据的网页程序

【例 9.3】 设计 index_check.php 数据处理网页程序,检测输入的会员信息是否为注册会员。程序设计要求:处理图 9.2 网页页面输入的会员电话和密码,如果会员没有注册,那么出现错误提示信息后,回到主页程序 index.php。如果会员已经注册,那么执行网页程序 index_menu.php 的职能,得到如图 9.3 所示的浏览结果。

图 9.3 例 9.3 网页程序浏览结果——普通会员

index_check.php 网页程序的语句代码如下:

```
(1)   <?
(2)   session_start();
(3)   //index.php 输入的会员身份证号保存在$_POST['u_mail'],
```

```
(4)     //会员密码保存在$_POST['u_pwd']
(5)     //只要会员身份证号和会员密码有一项没有输入就显示错误终止程序
(6)     if  (empty($_POST['u_phone']) or empty($_POST['u_pwd']) )
(7)         die(" 会员电话、会员密码不能空缺。<br>
(8)            <a href='index.php'>返回</a>");
(9)     //连接服务器、数据库
(10)    $db_name="bookstore";
(11)    include "link_serv_db.php";
(12)    //检测登录人员是否已经注册
(13)    $cmd= "select *  from member   ";
(14)    $cmd.= "where 会员电话= "."'".$_POST['u_phone']."'";
(15)    $cmd.= " and   密码= "."'".$_POST['u_pwd']."'";
(16)    $cmd= iconv("utf-8","gb2312//IGNORE",$cmd);//将字符串转换成 GB2312 字符集
(17)    $data= mysqli_query($conn,$cmd) or
(18)        die ($_POST['u_phone']."member 数据表提取错误！登录失败。
(19)           <a href='index.php'>返回主页</a>");
(20)    $rec_count= mysqli_num_rows($data); // 得到记录个数
(21)    if ($rec_count!=1)   // 得到记录个数小于1表示输入的会员信息不存在。
(22)        die ($_POST['u_phon']."该会员电话或登录密码错误！登录失败。
(23)           <a href='index.php'>返回主页</a>");
(24)    $rec= mysqli_fetch_array($data)   or
(25)        die ("member 数据表提取记录错误！
(26)           <a href='index.php'>返回主页</a>");
(27)    //已经注册的会员,可以登录网站
(28)    $_SESSION["u_phone"]=$_POST['u_phone'];
(29)    $_SESSION["u_pwd"]=$_POST['u_pwd'];
(30)    //跳转到菜单网页
(31)    print '<meta http-equiv="refresh" content="0;URL=index_menu.php"/>';
(32)    ?>
```

例题分析：第(2)条语句启动会话程序,当浏览者已经注册时为其在第(28)～(29)条语句创建会话变量,保存会员电话、密码和会员邮箱,保证顺利地跳转到第(31)条语句的菜单网页程序。

【例 9.4】 设计 index_menu.php 数据处理网页程序,网页页面出现菜单。程序设计要求:检测是否有会话变量$_SESSION["u_phone"],$_SESSION["u_pwd"]。本系统假定,如果浏览者的会员电话以 1350 开头表示为是系统管理员,进入到网络图书销售的后台系统,如图 9.4 所示。否则表示为普通会员,进入到网络图书销售的前台系统,如图 9.4 所示。

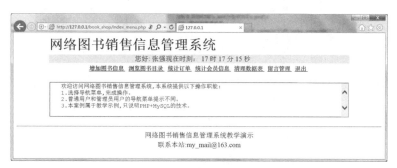

图 9.4　例 9.4 网页程序浏览结果——系统管理员

index_menu.php 网页程序的语句代码如下：

```
(1) <? session_start();
(2)   if (! isset($_SESSION["u_phone"]))
(3)     die ($_SESSION["u_phone"]." member 数据表提取错误！
(4)     <a href= 'index.php' > 返回主页 </a>");
(5) //链接数据库和数据表
(6) $db_name= "bookstore";
(7) include "link_serv_db.php";
(8) include "u_function.php";
(9) //识别登录人员的身份：管理员/普通会员
(10) if (substr($_SESSION["u_phone"],0,4)= = "1350")
(11)    $member_type= 2; //会员类别为管理员
(12) else
(13)    $member_type= 1; //会员类别为管理员
(14)    $cmd= "select * from member where  会员电话= '".$_SESSION["u_phone"]."'";
(15)    $cmd.= " and  密码= '".$_SESSION['u_pwd']."'";
(16)    $cmd= iconv("utf-8","gb2312//IGNORE",$cmd);//将字符串转换成 GB2312 字符集
(17)    $data= mysqli_query($conn,$cmd) or
(18)    die ($_SESSION["u_phone"]."member 数据表提取错误！登录失败。
(19)       <a href= 'index.php' > 返回主页 </a>");
(20) $rec= mysqli_fetch_array($data);
(21)   //网页页面顶部
(22)     $pag_top_note= "您好：".iconv("gb2312//IGNORE","utf-8",$rec[1]);
(23) //$pag_top_caption,$pag_top_note 在 u_function.php 设置
(24)    pag_top($pag_top_caption,$pag_top_note);
(25) //根据$rec['会员类别']显示普通会员或系统管理员菜单导航
(26)   pag_menu($member_type);
(27) ?>
(28) <h1 align= "center" >
(29) <textarea  readonly= "readonly" name= "textarea" cols= "85" rows= "5">
(30)    欢迎访问网络图书销售信息管理系统,本系统提供以下操作职能：
```

193

```
(31)         1. 选择导航菜单,完成操作。
(32)         2. 普通用户和管理员用户的导航菜单提示不同。
(33)         3. 本案例属于教学示例,只说明 PHP+ MySQL 的技术。
(34) </textarea>
(35) </h1>
(36) <?
(37) //网页页面底部$pag_bottom_caption,$web_email 在 u_function.php 设置
(38)     pag_bottom($pag_bottom_caption,$web_email);
(39) ?>
```

例题分析:例 9.4 网页程序是检测数据的网页程序,例 9.3 输入的会员电话保存在 $_SES-SION["u_phone"],会员密码保存在 $_SESSION["u_pwd"]。第(2)~(4)条语句检测会话变量 $_SESSION["u_phone"]是否存在,如果不存在将禁止浏览者浏览网站。第(10)~(13)条语句判断浏览者是普通会员还是管理员。第(21)~(24)条语句设计网页的顶部。第(25)~(26)条语句设计导航菜单。第(29)~(34)条语句设计网站提示。第(37)~(38)条语句设计网页的底部。

9.3 会员注册的网页页面

9.3.1 设计说明

为了便于网站的管理,登录到网络图书销售信息管理系统网站的人员必须注册成为会员,会员注册的网页程序 u_signup.php 要求注册人输入个人资料,网站对输入的信息进行数据检测,把输入正确的信息保存到网站的 member 会员情况表。

9.3.2 会员注册的网页程序

【例 9.5】 设计 u_signup.php 会员注册的网页程序,完成会员注册。程序设计要求:网页页面出现标题、会员注册需要输入的信息项,单击"会员注册"后,输入的会员信息以"POST"方式传送。程序检测输入数据的有效性,如果输入的会员数据格式正确,那么输入的数据保存到会员情况数据表 member;如果输入的会员数据不正确,可以修改或退出网页程序,得到如图 9.5 所示的浏览结果。

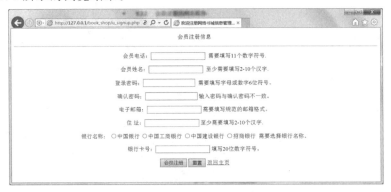

图 9.5 例 9.5 网页程序浏览结果

u_signup.php 网页程序的语句代码如下：

```
(1)  <! doctype html>
(2)  <?
(3)    session_start();
(4)  ?>
(5)  <! doctype html>
(6)  <html>
(7)  <head>
(8)  <meta charset="utf-8">
(9)  <title>欢迎注册网络书城信息管理系统</title>
(10) </head>
(11) <body>
(12) <? //步骤1：设置初始变量
(13) $phonErr= $nameErr= $mailErr= $pwdErr= $pwd2Err= ""; //错误提示信息
(14) $addrErr= $bankErr= $bankidErr= "";
(15) $phon= $name= $mail= $pwd= $pwd2= ""; //修正后的标准数据
(16) $addr= $bank= $bankid= "";
(17)   //步骤2：检测数据的规范性
(18) if ($_SERVER["REQUEST_METHOD"] == "POST") { //单击提交按钮
(19)   //检测电话项
(20)   if (! preg_match("/^(1)+[0—9]{10}+ $/", $_POST["phon"]))
(21)     $phonErr = "需要填写11个数字符号.";
(22)   else
(23)     $phon = trim($_POST["phon"]);
(24)   //检测姓名项
(25)   if (! preg_match("/^[/x{4e00}-/x{9fa5}]{2,15}+ $/u",trim($_POST["name"])))
(26)     $nameErr = "至少需要填写2—10个汉字.";
(27)   else
(28)     $name = htmlspecialchars(stripslashes(trim($_POST["name"])));
(29)   //检测密码项
(30)   if (! preg_match("/^([a-zA-Z0-9]{6})+ $/", $_POST["pwd"]))
(31)     $pwdErr = "需要填写字母或数字6位符号。";
(32)   else
(33)     $pwd = $_POST["pwd"];
(34)   //检测确认密码项
(35)   if (empty($_POST["pwd2"]) or strcmp($_POST["pwd"], $_POST["pwd2"])! = 0)
(36)     $pwd2Err = "输入密码与确认密码不一致。";
(37)   else
(38)     $pwd2 = $_POST["pwd2"];
(39)   //检测邮箱项
(40)   if (! preg_match("/^/w+ ([- + .]/w+ )* @ /w+ ([- .]/w+ )* /./w+ ([- .]/w+ )
         * $/",
```

```
(41)         $_POST["mail"]))
(42)     $mailErr = "需要填写规范的邮箱格式。";
(43)    else
(44)     $mail = htmlspecialchars(stripslashes(trim($_POST["mail"])));
(45)    //检测住址项
(46)    if (strlen($_POST["addr"])<6)
(47)     $addrErr = "至少需要填写 2—10 个汉字.";
(48)    else
(49)     $addr = htmlspecialchars(stripslashes(trim($_POST["addr"])));
(50)    //检测银行名称项
(51)    if (empty($_POST["bank"]))
(52)     $bankErr = "需要选择银行名称。";
(53)    else
(54)     $bank= $_POST["bank"];
(55)    //检测银行卡号
(56)    if (! preg_match("/^[1—9]+ /d{5}$/",$_POST["bankid"]))
(57)     $bankidErr = "填写 20 位数字符号。";
(58)    else
(59)     $bankid = $_POST["bankid"] ;
(60)   }
(61) ?>
(62) <div align= "center">
(63)    <p>会员注册信息</p><!--步骤 3：利用表单接收会员信息-->
(64)    <hr>
(65) <form name= "form1" action= "<? print $_SERVER['PHP_SELF'];?>" method= "post" >
(66)    <p>会员电话:<input name= "phon" type= "text" size= "20" maxlength= "11"
(67)      value= '<? print $_POST["phon"];?>'> <? print $phonErr;?></p>
(68)    <p>会员姓名:<input name= "name" type= "text" size= "20"
(69)     value= '<? print $_POST["name"];?>'> <? print $nameErr;?></p>
(70)    <p>登录密码:<input name= "pwd" type= "password" size= "20"
(71)      value= '<? print $_POST["pwd"];?>'> <? print $pwdErr;?></p>
(72)    <p>确认密码:<input name= "pwd2" type= "password" size= "20"
(73)      value= '<? print $_POST["pwd2"];?>'> <? print $pwd2Err;?></p>
(74)    <p>电子邮箱:<input name= "mail" type= "text" size= "20"
(75)      value= '<? print $_POST["mail"];?>'> <? print $mailErr;?></p>
(76)    <p>住　址:<input name= "addr" type= "text" size= "20"
(77)      value= '<? print $_POST["addr"];?>'> <? print $addrErr;?></p>
(78)    <p>银行名称:
(79)     <input name= "bank" type= "radio" value= "中国银行">中国银行
(80)     <input name= "bank" type= "radio" value= "中国工商银行">中国工商银行
(81)     <input name= "bank" type= "radio" value= "中国建设银行">中国建设银行
(82)       <input name= "bank" type= "radio" value= "招商银行">招商银行
```

```
(83)       <? print $bankErr;?></p>
(84)    <p>银行卡号:<input name= "bankid" type= "text" size= "20"
(85)      value= '<? print $_POST["bankid"];?>'> <? print $bankidErr;?></p>
(86)    <p><input name= "submit" type= "submit" value= "会员注册">
(87)      <input name= "reset" type= "reset" value= "重置">
(88)      <a href= "index.php">返回主页</a></p><!--设置返回到首页超级链接-->
(89)  </form>
(90)  </div>
(91)  <? //步骤 4:处理接收的数据
(92)  if (strlen($phon)>0 and strlen($name)>0 and strlen($mail)>0 and
(93)      strlen($pwd)>0 and strlen($pwd2)>0 and strlen($addr)>0 and
(94)  strlen($bank)>0 and strlen($bankid)>0 ){
(95)      //步骤 4.1:连接数据库服务器和数据库
(96)      $db_name= "bookstore";
(97)      include "link_serv_db.php";
(98)      //步骤 4.2 检测是否重复注册
(99)      $cmd= 'select count(*) from member where 会员电话= "'.$phon.'"';
(100)     $cmd= iconv("utf-8","gb2312//IGNORE",$cmd); //将字符串转换成 GB2312 字符集
(101)     $data= mysqli_query($conn,$cmd);
(102)     $rec= mysqli_fetch_array($data) ;
(103)     if ($rec[0]>0) { //电话号码已经存在
(104)     die ("<br>".$_POST["phon"]."禁止再次注册!
(105)     <a href= '".$_SERVER["PHP_SELF"]."'>返回</a>") ;
(106)     }
(107)     //步骤 4.3 增加记录到数据表
(108) $cmd= "insert into member(会员电话,姓名,密码,电子邮箱,住址,银行名称,银行卡号) ";
(109) $cmd.= " values ('$phon','$name','$pwd','$mail','$addr','$bank','$bankid')";
(110)     $cmd= iconv("utf-8","gb2312//IGNORE",$cmd); //将字符串转换成 GB2312 字符集
(111)     mysqli_query($conn,$cmd) ; or die ("<br>增加数据表记录失败。");
(112)     print "<br><br>成功注册";
(113)     print '<meta http-equiv= "refresh" content= "6;URL= index_menu.php"/>' ;
(114) }
(115) ?>
(116) </body>
(117) </html>
```

例题分析:第(18)~(60)条语句检测输入数据的有效性。第(62)~(90)条语句设计了表单元素接收数据,数据以 POST 方式传递到网站服务器端。第(96)~(106)条语句检测记录是否重复注册。第(108)~(111)条语句是增加记录的语句。第(112)~(113)条语句成功增加记录后自动进入到菜单系统 index_menu.php 程序的职能。

9.4 增加图书的网页页面

9.4.1 设计说明

在网络图书销售的管理中,利用 b_book_append.php 网页程序可以增加图书信息,图书信息保存到 book 图书目录表。

9.4.2 增加图书的网页程序

【例 9.6】 设计 b_book_append.php 网页程序,增加图书信息。程序设计要求:输入图书信息,按照规范检测数据的有效性,图书信息保存到 book 图书目录数据表,得到如图 9.6 所示的浏览结果。

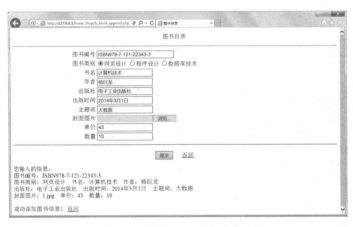

图 9.6 例 9.6 网页程序浏览结果

b_book_append.php 网页程序的语句代码如下:

```
(1) <!doctype html>
(2) <!doctype html>
(3) <html>
(4) <head>
(5) <meta charset="utf-8">
(6) <title>图书目录</title>
(7) </head>
(8) <body>
(9) <? /* 步骤1:检验数据的有效性*/
(10)     //步骤1.1:设置初始变量
(11)     for($i=0;$i<10;$i++) //错误提示信息
(12)         $err[$i]="";
(13)     $v_value="values ("; //修正后的标准数据
(14) //步骤1.2:单击提交按钮
```

```
(15)  if ($_SERVER["REQUEST_METHOD"] = = "POST") {
(16)    if  (empty($_POST['u_tsbh']))  //检测:图书编号不得是空。
(17)      $err[0]= "图书编号不能是空。";
(18)    else
(19)      $v_value.= "'".$_POST['u_tsbh']."',";
(20)    if (empty($_POST['u_lb']))   //检测:选择图书类别。
(21)      $err[1]= "请选择图书类别。";
(22)    else
(23)      $v_value.= "'".$_POST['u_lb']."',";
(24)    if  (empty($_POST['u_sm']))  //检测:书名不得是空。
(25)      $err[2]= "书名不得是空。";
(26)    else
(27)      $v_value.= "'".$_POST['u_sm']."',";
(28)    if (strlen(trim($_POST['u_zz']))<4)//作者必须是4个以上字符
(29)      $err[3]= "作者不得是空。";
(30)    else
(31)      $v_value.= "'".$_POST['u_zz']."',";
(32)    if  ((strlen(trim($_POST['u_cbs'])))<4)//出版社必须是4个以上字符
(33)      $err[4]= "出版社不能是空。";
(34)    else
(35)      $v_value.= "'".$_POST['u_cbs']."',";
(36)    if  ((strlen(trim($_POST['u_cbsj'])))<10)//出版时间必须是10个以上字符
(37)      $err[5]= " 出版时间不能是空。";
(38)    else
(39)      $v_value.= "'".$_POST['u_cbsj']."',";
(40)    if  ((strlen(trim($_POST['u_ztc'])))<4)//主题词必须是10个以上字符
(41)      $err[6]= "  主题词不能是空。";
(42)    else
(43)      $v_value.= "'".$_POST['u_ztc']."',";
(44)    if  (empty($_POST['u_fmtp']))  //封面图片不得是空。
(45)      $err[7]= "封面图片不得是空。";
(46)    else
(47)      $v_value= $v_value."'".$_POST['u_fmtp']."',";
(48)    if (! preg_match("/^[+ ]{0,1}(\d+ ) $/", $_POST['u_dj']))//单价必须大于零
(49)      $err[8]= "单价不能小于零。";
(50)    else
(51)      $v_value.= $_POST['u_dj'].",";
(52)    if (! preg_match("/^[+ ]{0,1}(\d+ ) $/", $_POST['u_sl'])) //数量必须大于零
(53)      $err[9]= "数量不能小于零。";
(54)    else
(55)        $v_value.= $_POST['u_sl'].")";
(56)  }
```

```
(57)  ?>
(58)  <!--步骤2:输入图书资料-->
(59)  <p align="center" class="style">图书目录</p>
(60)  <hr><!-- 设置图书数据项 -->
(61)  <form name="form1" method="post" action=<? print $_SERVER['PHP_SELF'];?>>
(62)    <table align="center" width="600" border="0">
(63)    <tr><td align="right" width="80">图书编号</td><!--显示数据项名称-->
(64)        <td><input name="u_tsbh" type="text" size=30 maxlength="30"
(65)            value='<? print $_POST["u_tsbh"]?>'</td><!--接收数据项-->
(66)        <td><? print $err[0];?></td><!--显示错误提示-->
(67)    </tr>
(68)    <tr><td align="right" width="80">图书类别</td>
(69)        <td><input type="radio" name="u_lb" value="网页设计"
(70)    <? if ($_POST["u_lb"]=="网页设计") print "checked";?>>网页设计
(71)        <input type="radio" name="u_lb" value="程序设计"
(72)    <? if ($_POST["u_lb"]=="程序设计") print "checked";?>>程序设计
(73)        <input type="radio" name="u_lb" value="数据库技术"
(74)    <? if ($_POST["u_lb"]=="数据库技术") print "checked"; ?>>
(75)            数据库技术</td>
(76)        <td><? print $err[1];?></td>
(77)    </tr>
(78)    <tr><td align="right" width="80">书名</td>
(79)        <td><input type="text" name="u_sm"
(80)            value='<? print $_POST["u_sm"] ?>'> </td>
(81)        <td><? print $err[2];?></td>
(82)    </tr>
(83)    <tr><td align="right" width="80">作者</td>
(84)        <td><input type="text" name="u_zz"
(85)            value='<? print $_POST["u_zz"] ?>'></td>
(86)        <td><? print $err[3];?></td>
(87)    </tr>
(88)    <tr><td align="right" width="80">出版社</td>
(89)        <td><input type="text" name="u_cbs"
(90)            value='<? print $_POST["u_cbs"] ?>'></td>
(91)        <td><? print $err[4];?></td>
(92)    </tr>
(93)    <tr><td align="right" width="80">出版时间</td>
(94)        <td><input type="text" name="u_cbsj"
(95)            value='<? print $_POST["u_cbsj"] ?>'></td>
(96)        <td><? print $err[5];?></td>
(97)    </tr>
(98)    <tr>
```

```
(99)      <td align="right" width="80">主题词</td>
(100)     <td><input type="text" name="u_ztc"
(101)            value='<? print $_POST["u_ztc"] ?>'></td>
(102)     <td><? print $err[6];?></td>
(103)   </tr>
(104)   <tr><td align="right" width="80">封面图片</td>
(105)     <td><input type="file" name="u_fmtp"
(106)            value='<? print $_POST["u_fmtp"] ?>'> </td>
(107)     <td><? print $err[7];?></td>
(108)   </tr>
(109)   <tr><td align="right" width="80">单价</td>
(110)     <td><input name="u_dj" type="text"
(111)            value='<? print $_POST["u_dj"] ?>'>  </td>
(112)     <td><? print $err[8];?></td>
(113)   </tr>
(114)   <tr><td align="right" width="80">数量</td>
(115)     <td><input name="u_sl" type="text"
(116)            value='<? print $_POST["u_sl"] ?>'</td>
(117)     <td><? print $err[9];?></td>
(118)   </tr>
(119) </table>
(120) <!--设置提交按钮,调用"b_book_append.php"-->
(121) <hr>
(122) <p align="center">
(123)   <input name="u_return" type="submit" value="提交">  
(124)   <!--步骤3设置返回到首页超级链接-->
(125)   <a href="index_menu.php">返回</a>
(126) </p>
(127) </form>
(128) <? /* 步骤3:增加记录的sql语句*/
(129) $err_c=0;//检测是否有错误数据提示
(130) for($i=0;$i<10;$i++){//检测错误提示
(131)    if(strlen(trim($err[$i]))>0) $err_c=1;   }
(132) if ($err_c==0){//无错误数据提示
(133)   //步骤3.1:连接数据库服务器和数据库
(134)   $db_name="bookstore";
(135)   include "link_serv_db.php";
(136)   mysqli_query($conn,"set names 'utf8'");//设置 MySQL 数据采用 utf8 编码
(137)   /* 步骤3.2:检测是否重复登录,每个图书编号只能增加一条记录。*/
(138)    $cmd_find= "select * from book where 图书编号=".'"'.trim($_POST['u_tsbh']).'"';
(139)    $data= mysqli_query($conn,$cmd_find) or
```

```
(140)         die("数据提取错误。<a href='b_book_append.php'>返回</a>");;
(141) $rec_count=mysqli_num_rows($data);
(142) if($rec_count>0)  //图书编号已经存在
(143)     die("该图书编号已经注册,不得重复注册。
(144)         <a href='b_book_append.php'>返回</a>");
(145) /* 步骤3.3:将输入的记录添加到数据表。*/
(146) $cmd="insert into book (图书编号,图书类别,书名,作者,出版社,";
(147) $cmd.="出版时间,主题词,封面图片,单价,数量) ".$v_value;
(148) $data=mysqli_query($conn,$cmd) or
(149)     die ("数据表:book 增加记录失败!
(150)         <a href='b_book_append.php'>返回</a>");
(151) /* 步骤3.4:显示会员信息。*/
(152) print "您输入的信息:<br>";
(153) print "图书编号:".$_POST['u_tsbh']."<br>";
(154) print "图书类别:".$_POST['u_lb']."    ";
(155) print "书名:".$_POST['u_sm']."    ";
(156) print "作者:".$_POST['u_zz']."<br>";
(157) print "出版社:".$_POST['u_cbs']."    ";
(158) print "出版时间:".$_POST['u_cbsj']."    ";
(159) print "主题词:".$_POST['u_ztc']."<br>";
(160) print "封面图片:".$_POST['u_fmtp']."    ";
(161) print "单价:".$_POST['u_dj']."    ";
(162) print "数量:".$_POST['u_sl']."    ";
(163) print "<br>成功添加图书信息!<a href='b_book_append.html'>返回</a>"."<br>";
(164) }
(165) ?>
(166) </body>
(167) </html>
```

例题分析:第(15)~(56)条语句检测来自表单输入的数据的有效性。第(61)~(127)条语句利用表单接收数据,数据以 POST 方式传递,自处理数据检测数据的有效性。第(129)~(137)条语句检测是否存在错误提示,如果有错误提示,继续接收数据。如果没有错误数据,第(138)~(144)条语句检测接收到的数据是否已经存在。第(146)~(150)条语句将接收到的有效数据保存到数据表中。第(152)~(163)条语句显示接收到的数据和成功保存数据的提示。

9.5 留言板系统设计

9.5.1 留言板系统概述

1. 留言板的职能

为了加强网站与浏览者之间的联系,很多网站利用电子邮箱、留言板、在线交流等技术允许浏览者与网站的管理员之间交流信息。电子邮箱是传统的一对一的信息交流方式,浏览者与网站的管理员之间通过电子邮件传递信息。留言板的信息交流方式可以满足多对多的信息交流,信息的内容可以公开,浏览者在网站发布留言后,同样一个信息主题可能多个人关心,其他浏览者看到留言内容后,可以回复留言的内容。浏览者和网站管理员可以维护查询、删除和回复留言的内容。在线交流的方式是一种实时信息交流的方式,需要交流的双方同时在线交流信息。网络图书销售信息管理系统留言板的职能:

(1) 会员成功登录网站后选择留言系统后,可以完成以下操作:

① 会员可以查阅以往的留言内容和回复的情况。

② 会员可以删除留言板的信息。

③ 会员可以发布留言信息等待回复。

(2) 网站的管理员登录网站后选择留言系统后,可以完成以下操作:

① 管理员可以查阅所有会员发布的留言内容。

② 管理员可以回复会员发布的留言。

③ 管理员可以删除留言板的信息。

2. 留言板系统构成

留言板系统由保存留言内容的数据表和处理留言信息的网页程序组成。

(1) 留言内容数据表(bookstore. message)。

本书第三章已经建立了留言内容数据表。留言内容数据表保存会员发布的留言信息和管理员回复的信息内容。会员发布留言后将增加数据表的记录。会员和网站的管理员可以删除数据表的记录。

(2) 处理留言信息的网页程序。

会员管理留言的网页程序是 u_note.php,u_note_oper.php。

网站的管理员管理留言的网页程序是 b_note.php,b_note_oper.php,保存回复信息的网页程序是 u_note_oper_update.php。

9.5.2 会员留言的设计

1. 会员留言网页程序的设计思想

会员登录到网站后可以查阅以往的留言、删除留言,也可以发布新的留言信息。

2. 会员管理留言内容的网页程序

【例 9.7】 设计 u_note. php 网页程序,会员浏览留言信息。程序的设计要求:显示留言、查阅留言和发布留言。输入留言时,必须输入留言的标题和内容,输入的留言保存到留言内容数据表 note。如图 9.7 所示浏览者选择浏览和删除选项后,程序由 u_note_oper.php 控制,能够浏览留言的内容,也能够删除留言信息,得到如图 9.7 所示的浏览结果。

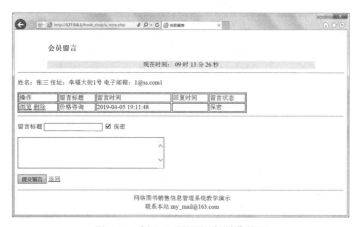

图 9.7 例 9.7 网页程序浏览结果

u_note.php 网页程序的语句代码如下：

```php
(1)  <?session_start();
(2)  if (!isset($_SESSION["u_phone"]))
(3)      die ("没有会员电话。"."<a href='index.php'>返回主页</a>");
(4)  ?>
(5)  <!doctype html>
(6)  <html>
(7)  <head>
(8)  <meta charset="utf-8">
(9)  <title>会员留言</title>
(10) </head>
(11) <body>
(12) <p>
(13) <script language="javascript">
(14)    function check_note(){
(15)        if (form1.note_title.value=="") {
(16)            alert("请写留言标题！");
(17)            note.note_title.focus();
(18)            return false;           }
(19)        if (form1.note_detail.value=="") {
(20)            alert("请写留言内容！");
(21)            form1.note_detail.focus();
(22)            return false;           }
(23)         return true ;
(24)    }
(25) </script>
(26) <? //网页页面顶部
(27) include "./u_function.php" ; //导入外部文件
(28) $pag_top_caption= "会员留言"; $pag_top_note= "";
(29) pag_top($pag_top_caption,$pag_top_note);
(30) // 连接数据库服务器和数据库
(31) $db_name= "bookstore";
(32) include "link_serv_db.php";
(33) //显示会员信息
(34) $cmd= 'select *  from member where 会员电话= "';
(35) $cmd.= $_SESSION["u_phone"].'"';
(36) mysqli_query($conn,"set names 'utf8'");//设置 MySQL 数据采用 utf8 编码
(37) $data= mysqli_query($conn,$cmd) or die ("<br>数据表无记录。<br>");
(38) $rec= mysqli_fetch_array($data);
(39) print '<hr>';
(40) print '<p algin=center>姓名：'.$rec[姓名]."   ";
(41) print '住址：'.$rec[住址]."   ";
(42) print    '电子邮箱：'.$rec[电子邮箱]."   </p>";
```

(43) //过去留言
(44) $cmd='select * from message '.' where 留言人邮箱= "';
(45) $cmd.=$_SESSION["u_mail"].'" order by 留言时间';
(46) $data=mysqli_query($conn,$cmd) or die ("
数据表无记录。
");
(47) $rec_count=mysqli_num_rows($data);
(48) ?>
(49) <form name="form2" method="post" action="u_note_oper.php">
(50) <table width="600" border="1">
(51) <tr><td>操作</td><td>留言标题</td><td>留言时间</td>
(52)   <td>回复时间</td><td>留言状态</td>
(53) </tr>
(54) <? while ($rec=mysqli_fetch_array($data)) { //显示历史留言
(55)   print "<tr>";
(56)   print '<td><a href="u_note_oper.php?oper=1&tit='.
(57) $rec[留言标题].'&mail='.$_SESSION["u_mail"].'">浏览</a> ';
(58)   print '<a href="u_note_oper.php?oper=2&tit='.
(59) $rec[留言标题].'&mail='.$_SESSION["u_mail"].'">删除</a></td>';
(60)   print '<td>'.$rec[留言标题].'</td>';
(61)   print '<td>'.$rec[留言时间].'</td>';
(62)   if (strlen(trim($rec[回复时间]))>0)//得到回复
(63)   print '<td>'.$rec[回复时间].'</td>';
(64)   else//没有得到回复
(65)   print '<td> </td>';
(66)   print '<td>'.$rec[留言状态].'</td>';
(67)   print "</tr>";
(68) }
(69) ?>
(70) </table>
(71) </form>
(72) <hr>
(73) <form name="form1" method="post" action=
(74)   "<? echo $_SELF_PHP ;?>" onSubmit="return check_note()">
(75) <p>留言标题<input name="note_title" type="text" maxlength="30">
(76)   <input name="note_stat" type="checkbox" checked>保密</p>
(77) <p><textarea name="note_detail" cols="45" rows="5"></textarea></p>
(78) <p><input type="submit" name="oper" value="提交留言">
(79)   <a href="index_menu.php">返回</a>
(80) </p>
(81) </form>
(82) <? if ($_POST["note_title"]&&$_POST["note_detail"]){//增加留言到数据表
(83)   if (!empty($_POST['note_stat']))
(84) $note_stat="保密";

```
(85)        else
(86)            $note_stat="公开";
(87)        $cmd= 'insert into message';
(88)        $cmd.= '(留言人邮箱,留言标题,留言内容,留言时间,留言状态) values';
(89)        $cmd.= '("'.$_SESSION["u_mail"].'","'.$_POST["note_title"].'",';
(90)        $cmd.= '"'.$_POST["note_detail"].'","'.date("Y-m-d H:i:s").'","'.$note_
                stat.'")';
(91)        //留言增加到数据表
(92)        mysqli_query($conn, $cmd) or die ("系统错误:留言无法增加!");
(93)        print '<meta http-equiv= "refresh" content= "0;URL= u_note.php"/>';
(94)     }
(95)    //网页页面底部
(96)    pag_bottom($pag_bottom_caption, $web_email);
(97) ?>
(98) </body>
(99) </html>
```

例题分析：u_note.php 程序用于显示已经发布的留言,浏览者能够进行查阅、删除和发布新留言信息的操作。第(34)~(42)条语句显示会员的个人信息。第(50)~(70)条语句以表格的形式显示已经发布的留言信息。第(73)~(81)条语句会员可以发布新留言信息,在浏览者输入了留言的标题和留言的内容后。第(13)~(24)条语句检测是否输入了留言的标题和内容,如果没有输入将出现提示信息。第(83)~(94)条语句用于将输入的留言保存到留言信息数据表。第(26)~(29)条语句显示网页页面的顶部。第(95)~(96)条语句显示网页页面的底部。

【例 9.8】 设计 u_note_oper.php 网页程序,会员查看留言详细内容。程序的设计要求：显示历史留言和回复信息的详细内容,得到如图 9.8 所示的浏览结果。

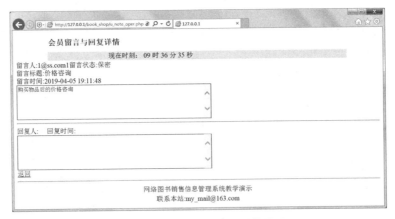

图 9.8　例 9.8 网页程序浏览结果

u_note_oper.php 网页程序的语句代码如下：

```
(1)  <? session_start();
(2)  if (! isset($_SESSION["u_mail"]))
(3)     die ("没有提供会员邮箱"."<a href= 'index.php'>返回主页</a>");
(4)  include "u_function.php" ;  //导入外部文件
(5)  //连接数据库服务器和数据库
(6)    $db_name= "bookstore";
(7)    include "link_serv_db.php";
(8)  if ($_GET["oper"]= = 2)   {//删除留言
(9)    $cmd= 'delete from  message where 留言人邮箱= "'.$_SESSION["u_mail"].'"';
(10)   $cmd.= ' and  留言标题= "'.$_GET['tit'].'"';
(11)   $cmd= iconv("utf-8","gb2312//IGNORE",$cmd);//将字符串转换成GB2312字符集
(12) mysqli_query($conn,$cmd) or die ("系统错误:留言无法删除!");//删除留言
(13)   print '<meta http-equiv= "refresh" content= "0;URL= u_note.php"/>' ;
(14) } //网页页面顶部
(15)   $pag_top_caption= "会员留言与回复详情";$pag_top_note= "";
(16)   pag_top($pag_top_caption,$pag_top_note);
(17) if ($_GET["oper"]= = 1)   {//浏览留言
(18)   $cmd= 'select * from  message where 留言人邮箱= "';
(19)   $cmd.= $_SESSION["u_mail"].'" and 留言标题= "'.$_GET['tit'].'"';
(20)   $cmd= iconv("utf-8","gb2312//IGNORE",$cmd);//将字符串转换成GB2312字符集
(21)   $data= mysqli_query($conn,$cmd) or die ("系统错误:留言无法查阅!");
(22)   $rec= mysqli_fetch_array($data);
(23)   for($i= 0;$i<= 7;$i+ + )//将字符串转换成utf-8字符集
(24)      $rec[$i]= iconv("gb2312","utf-8",$rec[$i]);
(25) print "留言人:<text name= a1 readonly>".$_SESSION["u_mail"] ;
(26) print "留言状态:<text name= a1 readonly>".$rec[7]."<br>";
(27) print "留言标题:<text name= a2 readonly >".$rec[1]."<br>";
(28) print "留言时间:<text name= a3 readonly >".$rec[3]."<br>";
(29) print "<textarea name= a3 cols= 55 rows= 5 readonly>".$rec[2]."</textarea>";
(30)   print "<hr>";
(31)   //回复人回复的处理
(32)   print "回复人:<text name= a4 readonly> $rec[4]</text>    ";
(33)   print "回复时间:<text name= a5 readonly> $rec[6]</text>";
(34)   print "<br>";
(35)   print "<textarea name= a6 cols= 55 rows= 5 readonly> $rec[5]</textarea>";
(36)   print '<br><a href= u_note.php>返回</a>' ;
(37) }
(38)   //网页页面底部
(39)   pag_bottom($pag_bottom_caption,$web_email);
(40) ?>
```

例题分析:u_note_oper.php 程序能够进行查阅历史留言的详细内容,也能够删除留言。第(19)~(29)条语句显示所选择的留言信息的详细内容。第(32)~(36)条语句显示所选择的

留言的回复的内容。第(8)～(14)条语句能够删除所选择的留言。第(15)～(37)条语句显示网页页面的顶部。第(38)～(39)条语句显示网页页面的底部。

9.5.3 管理员回复留言的设计

1. 管理员留言网页程序的设计思想

管理员登录到网站后可以查阅以往的留言、删除留言,也可以发布新的留言信息。

2. 管理员管理留言内容的网页程序

管理员可以查阅会员的留言,回复会员的留言,删除管理员发布的留言。

【例 9.9】 设计 b_note.php 网页程序,管理员查看留言信息。程序的设计要求:管理员显示会员发布的留言信息,回复会员的留言,删除管理员发布的留言,得到如图 9.9 所示的浏览结果。

图 9.9 例 9.9 网页程序浏览结果

b_note.php 网页程序的语句代码如下:

```
(1) <? session_start();
(2)    if(! isset($_SESSION["u_phone"]))
(3)      die("没有提供管理员电话<a href='index.php'>返回主页</a>");
(4) ?>
(5) <! doctype html>
(6) <html>
(7) <head>
(8) <meta charset="utf-8">
(9) <title>管理员留言</title>
(10) </head>
(11) <body>
(12) <? //网页页面顶部
(13)    include "./u_function.php"; //导入外部文件
(14)    $pag_top_caption="管理员查阅和回复留言";
(15)    pag_top($pag_top_caption,$pag_top_note);
(16)    // 连接数据库服务器和数据库
(17)    $db_name="bookstore";
```

```
(18)    include "link_serv_db.php";
(19)    //显示会员信息
(20)    $cmd='select * from member where 会员电话= "';
(21)    $cmd.=$_SESSION["u_phone"].'"';
(22)    mysqli_query($conn,"set names 'utf8'");//设置utf8编码
(23)    $data=mysqli_query($conn,$cmd) or die ("<br>数据表无记录。");
(24)    $rec=mysqli_fetch_array($data);
(25)    print "<hr>";
(26)    print '<p algin=center>姓名:'.$rec[姓名]."  ";
(27)    print '住址:'.$rec[住址]."  ";
(28)    print '电子邮箱:'.$rec[电子邮箱]."  </p>";
(29)    $_SESSION["u_mail"]=$rec[电子邮箱];
(30)    //全部留言
(31)    $cmd='select * from message  order by 留言时间';
(32)    $data=mysqli_query($conn,$cmd) or die ("<br>数据表无记录。");
(33)    $rec_count=mysqli_num_rows($data);
(34) ?>
(35) <form name="form2" method="post" action="u_note_oper.php">
(36)    <table width="700" border="1">
(37)    <tr><td>操作</td><td>留言人</td><td>留言标题</td>
(38)        <td>留言时间</td><td>留言状态</td><td>回复时间</td>
(39)    </tr>
(40) <?//过去留言
(41)    while ($rec=mysqli_fetch_array($data)) {
(42)      print "<tr>";
(43)    if (strlen(trim($rec[回复时间]))>0)
(44)      print '<td><a href="b_note_oper.php?oper=1&tit='
(45)        .$rec[留言标题].'&mail='.$rec[留言人邮箱].'">浏览</a>';
(46)    else
(47)      print '<td><a href="b_note_oper.php?oper=0&tit='
(48)        .$rec[留言标题].'&mail='.$rec[留言人邮箱].'">回复</a>';
(49)    print '<a href="b_note_oper.php?oper=2&tit='.
(50)        $rec[留言标题].'&mail='.$rec[留言人邮箱].'">删除</a></td>';
(51)    print '<td>'.$rec[留言人邮箱].'</td>';
(52)      print '<td>'.$rec[留言标题].'</td>';
(53)    print '<td>'.$rec[留言时间].'</td>';
(54)    print '<td>'.$rec[留言状态].'</td>';
(55)    if (strlen(trim($rec[回复时间]))>0)//得到回复
(56)      print '<td>'.$rec[回复时间].'</td>';
(57)    else//没有得到回复
(58)      print '<td> </td>';
(59)    print "</tr>";
```

```
(60)    } //while 结束
(61)    ? >
(62)    </table>
(63) </form>
(64) <a href= "index.php">首页</a>
(65) < ? //网页页面底部
(66)    pag_bottom($pag_bottom_caption,$web_email);
(67) ? >
(68) </body>
(69) </html>
```

例题分析：b_note.php 程序用于管理员显示已经发布的留言。管理员能够进行回复、查阅、删除留言的操作。第(20)~(29)条语句显示管理者的个人信息。第(35)~(63)条语句以表格的形式显示已经发布的留言信息。第(13)~(15)条语句显示网页页面的顶部。第(65)~(67)条语句显示网页页面的底部。

【例 9.10】 设计 b_note_oper.php 网页程序，管理员查看和回复留言详细内容。程序的设计要求：显示留言和回复信息的内容。如图 9.9 所示浏览者选择回复、浏览和删除选项后，程序由 b_note_oper.php 控制，能够回复留言、浏览留言和删除留言信息。如图 9.10 所示为显示回复会员留言的窗口。

图 9.10　例 9.10 网页程序显示留言

b_note_oper.php 网页程序的语句代码如下：

```
(1) < ?    session_start();
(2)    if (! isset($_SESSION["u_mail"]))
(3)      die ("没有会员邮箱。"."<a href= 'index.php'>返回主页</a>");
(4)    //网页页面顶部
(5)    include "u_function.php" ; //导入外部文件
(6)    $pag_top_caption= "管理员回复会员留言"; $pag_top_note= "";
(7)    pag_top($pag_top_caption,$pag_top_note);
```

```
(8)   // 连接数据库服务器和数据库
(9)   $db_name="bookstore";
(10)  include "link_serv_db.php";
(11)  if ($_GET["oper"]==2) {//删除留言
(12)    $cmd='delete from  message where 留言人邮箱="';
(13)    $cmd.=$_SESSION["u_mail"].'" and  留言标题="'.$_GET['tit'].'"';
(14)    $cmd=iconv("utf-8","gb2312//IGNORE",$cmd);//将字符串转换成GB2312字符集
(15)    mysqli_query($conn,$cmd) or die ("系统错误:留言无法删除!");//删除留言
(16)    print '<meta http-equiv="refresh" content="0;URL=b_note.php"/>';
(17)  }
(18)  if ($_GET["oper"]<=1)  {//浏览留言
(19)    $cmd='select *   from  message where 留言人邮箱="'.$_GET["mail"].'"';
(20)    $cmd.=' and  留言标题="'.$_GET['tit'].'"';
(21)    $cmd=iconv("utf-8","gb2312//IGNORE",$cmd);//将字符串转换成GB2312字符集
(22)    $data=mysqli_query($conn,$cmd) or die ("系统错误:留言无法查阅!");
(23)    $rec=mysqli_fetch_array($data);
(24)    for($i=0;$i<=7;$i++)//将字符串转换成utf-8字符集
(25)      $rec[$i]=iconv("gb2312","utf-8",$rec[$i]);
(26)    print "留言人:<text name=a1 readonly='readonly'>".
(27)        $_GET['mail']."  ";
(28)    print "留言状态:<text name=a7 readonly='readonly'>".$rec[7]."<br>";
(29)    print "留言标题:<text name=a2 readonly='readonly'>".$rec[1];
(30)    print "留言时间:<text name=a3 readonly='readonly'>".$rec[3];
(31)    print "<br>";
(32)    print "<textarea name=a4 cols=55 rows=5 readonly>$rec[2]</textarea>";
(33)    print "<br><br><hr>";
(34)    //回复的处理
(35)    if (strlen($rec[4])>0) {
(36)      print "<br>回复人:<text name=a4 readonly>".$rec[4]."</text>";
(37)      print "回复时间:<text name=a5 readonly>".$rec[6]."</text>";
(38)      print "<br>";
(39)      print "<textarea name=a6 cols=55 rows=5 readonly>".$rec[5]."</textarea>";
(40)      print "<br><a href=b_note.php>返回</a>";
(41)    } else { //如果没有回复的处理
(42)  ?>
(43)  <form name="form1" action="b_note_oper_update.php" method="post">
(44)  <input type="hidden" name="tmp_mail" value="<? print $_GET['mail'];?>">
(45)  <input type="hidden" name="tmp_tit"  value="<? print $rec[1]; ?>" >
(46)    回复人:<input type="text" name="tmp1" value="
(47)      <? print $_SESSION["u_mail"] ?>" readonly>
(48)    回复时间:<input name="tmp2" type="text" value="
(49)      <? print date("Y年m月d日h时i分");?>" size="25" readonly>
```

```
(50)        <br>
(51)    <textarea name="answer"  cols="55" rows="5"><? print $rec[5]; ?></textarea>
(52)        <br>
(53)        <input type="submit" name="oper" value="提交回复">
(54)        <a href="b_note.php">返回</a>
(55)    </form>
(56) <?}
(57) }  //网页页面底部
(58)    pag_bottom($pag_bottom_caption,$web_email);
(59) ?>
```

例题分析：b_note_oper.php 程序用于显示已经发布的留言详情，管理员能够删除和回复选定的会员留言。第(11)~(17)条语句删除选定的会员留言信息。第(18)~(33)条语句显示选定的留言详情。第(43)~(55)条语句回复选定的留言信息，其中第(43)条语句利用表单接收到回复信息后由 b_note_oper_update.php 程序将回复的详情保存到 message 数据表。第(5)~(7)条语句显示网页页面的顶部。第(57)~(58)条语句显示网页页面的底部。

【例 9.11】 设计 b_note_oper_update.php 网页程序，保存留言信息。程序的设计要求：把例 9.10 管理员回复的留言详情保存到 message 留言数据表。

b_note_oper_update.php 网页程序的语句代码如下：

```
(1) <? session_start();
(2)    if (! isset($_SESSION["u_mail"]))
(3)       die ("没有会员邮箱。"."<a href='index.php'>返回主页</a>");
(4)    include "u_function.php"; //导入外部文件
(5)    // 连接数据库服务器和数据库
(6)    $db_name="bookstore";
(7)    include "link_serv_db.php";
(8)    mysqli_query($conn,"SET NAMES 'gb2312'");
(9)    $cmd= 'select * from member where 电子邮箱= "';
(10)   $cmd.= $_SESSION["u_mail"].'"' ;
(11)   $cmd= iconv("utf-8","gb2312//IGNORE",$cmd);//将字符串转换成 GB2312 字符集
(12)   $data= mysqli_query($conn, $cmd) or die ("<br>数据表无记录。<br>");
(13)   $rec= mysqli_fetch_array($data);
(14)   $cmd= 'update message set 回复内容= "'.$_POST['answer'].'",';
(15)   $cmd.= '回复人邮箱= "'.$_SESSION["u_mail"].'",回复时间= "'.date("Y-m-d H:i:s").'"';
(16)   $cmd.= ' where 留言人邮箱= "'.$_POST["tmp_mail"].'"';
(17)   $cmd.= ' and  留言标题= "'.$_POST['tmp_tit'].'"';
(18)   $cmd= iconv("utf-8","gb2312//IGNORE",$cmd); //将字符串转换成 GB2312 字符集
(19)   mysqli_query($conn,$cmd) or die ("系统错误:留言无法更新!");//保存回复
(20)   print '<meta http-equiv="refresh" content="0;URL=b_note.php"/>';
(21) ?>
```

例题分析：参见例 9.10，本例题用于将管理员的回复保存到会员留言表，第(14)～(16)条语句是本程序的核心语句。

思 考 题

1. 结合本章介绍的网络图书销售信息管理系统的案例，以教学管理的应用为例说明教学管理的数据模型、软件功能模块结构。
2. 说明网络信息管理系统的开发步骤是什么？
3. 研读和调试本章例题。